孔子傳

【新校本】

錢穆作品集

九州出版社

孔子傳

著　　者　錢　穆
責任編輯　安　安　張艷玲　周　春
出版發行　九州出版社
裝幀設計　呂彥秋
地　　址　北京市西城區阜外大街甲 35 號
郵　　編　100037
發行電話　（010）68992190/3/5/6
網　　址　www.jiuzhoupress.com
印　　刷　三河市興博印務有限公司
開　　本　880 毫米 ×1230 毫米　32 開
印　　張　7.75
字　　數　170 千字
版　　次　2022 年 6 月第 1 版
印　　次　2022 年 6 月第 1 次印刷
書　　號　ISBN 978–7–5225–0869–6
定　　價　88.00 元

圖書在版編目（CIP）數據

孔子傳 / 錢穆著 . -- 北京：九州出版社，2022.3
ISBN 978–7–5225–0869–6

Ⅰ . ①孔… Ⅱ . ①錢… Ⅲ . ①孔丘（前 551– 前 479）
– 傳記 Ⅳ . ① B822.2

中國版本圖書館 CIP 數據核字 (2022) 第 046422 號

出版說明

本書原為錢賓四先生應臺灣孔孟學會之約而撰。初，該會主持人親造素書樓，懇請先生撰寫孔子、孟子兩傳，先生以舊作中已有論語要略、孟子要略、先秦諸子繫年以及論語新解多種，述孔孟已詳，故加婉卻。然終以堅邀，不獲已，遂先撰本書。乃先窮四月之力，搜集相關資料，然後下筆。自一九七三*年九月始撰，迄翌年二月，凡半載而書成。先生本謂前論孔子已悉，不意撰著此書，時有新得，所述復有舊作所未及者。夫自司馬遷史記孔子世家以還，迄今已歷兩千年，討論孔子生平言論行事者，實繁有徒。此書提要鉤玄，折衷羣言，而以論語為中心大本。其間取捨從違，實不專為討論孔子之一生，乃為研究中國五千年文化傳統一部人人必讀書。

先生撰述既竟，書稿送交孔孟學會，該會評議會審查，謂是書對孔子生平疑辨過多，尤如所主易傳非孔子作之類，逐舉各項令加改定。先生以撰著此書，字字斟酌，語語謹審，其所疑辨，無不有據

---

*新校本編者注：原文為「民國」紀年。下同。

有證；且如易傳作者之類，乃嚮所持論，畢生主張，不得以評議桌上一二人語，遽毀生平；遂拒不能改。而此稿亦以擱置不付印。先生乃索回原稿。適當時報端披載其事，坊間出版社登門求印者麇集，先生仍付最先提出要求之綜合月刊社印行，時為一九七五年八月。後該社改變出版計畫，不再出版學術專著，因取回改交臺北東大圖書公司於一九八七年七月再版。

初版附錄讀胡仔孔子編年、讀崔述洙泗考信錄、讀江永鄉黨圖考三篇，再版時補入舊作孔子傳略為第四篇。是篇原與先生另一舊作論語新編合刊，於一九七五年十月由臺北廣學社印書館出版。今重排本書，乃據東大版為底本，校正若干誤植文字，並增入私名號、書名號及酌加引號，以便讀者閱讀。又廣學社所印論語新編一小冊，今已不再版行，因亦增編為本書之附錄，合原所附者共為五篇。論語新編中每章原文下但注篇次，今添注出各篇篇名及章次，以便檢索；其章次則悉準先生所著論語新解。又於每章前加上◎符號，以醒眉目。整理排校雖慎重從事，惟恐漏誤難免，敬祈讀者不吝指正。

本書由張蓓蓓女士負責整理。

錢賓四先生全集編輯委員會　謹識

目次

序言……一
再版序……七
第一章　孔子的先世……一
一　弗父何……一
二　正考父……二
三　孔父嘉……二
四　孔防叔……三
五　叔梁纥……四

第二章　孔子之生及其父母之卒……五
一　孔子之母……五
疑辨一　叔梁紇與顏氏女野合而生孔子……五
二　孔子生平……六
疑辨二　孔子生平……六
三　孔子父母卒年……七
疑辨三　孔子少孤不知父墓……八
第三章　孔子之早年期……九
一　孔子之幼年……九
二　孔子十五志學……一〇
三　孔子初仕……一二
第四章　孔子之中年期……一五
一　孔子授徒設教……一五

二　孔子適齊……一七
疑辨四　孔子適齊諸節……二二
三　孔子反魯……二二
疑辨五　孔子五十學易……二四
第五章　孔子五十歲後仕魯之期……二九
一　孔子出仕之前緣……二九
疑辨六　陽貨爲大夫與公山弗擾以費叛……三四
二　孔子爲中都宰至爲司空、司寇……三四
疑辨七　孔子爲大司寇及誅少正卯……三五
三　孔子相夾谷……三六
疑辨八　穀梁與史記記夾谷之會……三七
四　孔子墮三都……三八
第六章　孔子去魯周遊……四五
一　孔子去魯……四五

疑辨九　孔子爲師己之歌……四七
二　孔子適衛……四八
三　孔子過匡過蒲……五〇
疑辨十　孔子圍於匡與過宋遭司馬魋之難……五二
疑辨十一　孔子將渡河西見趙簡子……五三
四　孔子反衛出仕……五四
疑辨十二　孔子在衛主蘧伯玉家……五五
疑辨十三　子見南子……五八
五　孔子去衛……五九
疑辨十四　孟子言孔子未嘗終三年淹……六一
六　孔子過宋……六三
七　孔子至陳……六五
疑辨十五　孔子兩至陳……六六
疑辨十六　陳蔡大夫謀圍孔子……六八
疑辨十七　楚昭王迎孔子……六八
八　孔子至蔡……六九

九　孔子自蔡反陳……七五
一〇　孔子自陳反衛……七六
疑辨十八　衛孝公與陳滑公……七八
一一　孔子自衛反魯……八二
疑辨十九　季桓子臨死囑康子召孔子……八四
疑辨二十　季康子以欲召孔子問冉有……八六
第七章　孔子晚年居魯……八七
一　有關預聞政事部分……八七
二　有關繼續從事教育部分……九五
疑辨二十一　宰我列言語科……九七
疑辨二十二　有若狀似孔子……一一三
三　有關晚年著述部分……一二一
疑辨二十三　孔子刪詩……一二三
疑辨二十四　孔子序書作易傳……一三〇

第八章　孔子之卒……一三一
一　孔子之卒與葬……一三一
疑辨二十五　孔子泰山梁木之歌……一三二
二　孔子之後世……一三四
三　孔門七十子儒學之流衍……一三六
孔子年表……一三七
附錄一　讀胡仔孔子編年……一四一
附錄二　讀崔述洙泗考信錄……一四七
附錄三　讀江永鄉黨圖考……一五七
附錄四　舊作孔子傳略……一六一
附錄五　舊作論語新編……一七七

序言

孔子為中國歷史上第一大聖人。在孔子以前，中國歷史文化當已有兩千五百年以上之積累，而孔子集其大成。在孔子以後，中國歷史文化又復有兩千五百年以上之演進，而孔子開其新統。在此五千多年，中國歷史進程之指示，中國文化理想之建立，具有最深影響最大貢獻者，殆無人堪與孔子相比倫。

孔子生平言行，具載於其門人弟子之所記，復經其再傳、三傳門人弟子之結集而成之論語一書中。其有關於政治活動上之大節，則備詳於春秋左氏傳。其他有關孔子言行及其家世先後，又散見於先秦古籍如孟子、春秋公羊、穀梁傳、小戴禮記檀弓諸篇，以及世本、孔子家語等書者，當尚有三十種之多。最後，西漢司馬遷史記采集以前各書材料成孔子世家，是為記載孔子生平首尾條貫之第一篇傳記。

然司馬遷之孔子世家，一則選擇材料不謹嚴，眞僞雜糅。一則編排材料多重複，次序顛倒。後人不斷加以考訂，又不斷有人續為孔子作新傳，或則失之貪多無厭，或則失之審覈不精，終不能於孔子世家以外别成一愜當人心之新傳。

本書綜合司馬遷以下各家考訂所得，重為孔子作傳。其最大宗旨，乃在孔子之為人，即其所自述所謂「學不厭、教不倦」者，而尋求孔子畢生為學之日進無疆，與其教育事業之博大深微，為主要中心，而政治事業次之。因孔子在中國歷史文化上之主要貢獻，厥在其自為學與其教育事業之兩項。後代尊孔子為至聖先師，其意義即在此。故本書所采材料亦以論語為主。凡屬孔子之學術思想，悉從其所以自為學與其教育事業之所至為主要中心。孔子畢生志業，可以由此推見。而孔子之政治事業，則為其以學以教之當境實踐之一部分。雖事隔兩千五百年，孔子之政治事業已不足全為現代人所承襲，然在其政治事業之背後，實有其以學以教之當境實踐之一番精神，為孔子學術思想以學以教、有體有用之一種具體表現。欲求孔子學術思想之篤實深厚處，此一部分亦為不可忽。

孔子生平除其自學與教人與其政治事業外，尚有著述事業一項，實當為孔子生平事業表現中較更居次之第三項。在此一項中，其明白可徵信者，厥惟晚年作春秋一事。其所謂訂禮樂，事過境遷，已難詳説，並已逐漸失卻其重要性。至於删詩書，事並無據。贊周易則更不足信。

以上關於孔子之學與教，與其政治事業、著述事業三項層次遞演之重要性，及其關於著述方面之眞僞問題，皆據論語一書之記載而為之判定。漢儒尊孔，則不免將此三項事業之重要性首尾倒置。漢儒以論語列於小學，與孝經、爾雅並視，已為不倫。而重視五經，特立博士，為國家教育之最高課程，因此以求通經致用，則乃自著述事業遞次及於政治事業，而在孔子生平所最重視之自學與教人精神，則不免轉居其後。故在漢代博士發揚孔學方面，其主要工作乃轉成為對古代經典之訓詁章句，此豈得與孔子之「述而不作」同等相擬。則無怪乎至於東漢，博士皆倚席不講，而太學生清議遂招致黨錮之禍，而直迄於炎漢之亡。此下莊老、釋氏迭興並盛，雖唐代崛起，終亦無以挽此頹趨。此非謂詩、書、禮、易可視為與儒學無關，乃謂孔子畢生精神，其所謂學不厭、教不倦之眞實內容，終不免於忽視耳。

宋代儒學復興，乃始於孔子生平志業之重要性獲得正確之衡定。學與教為先，而政治次之，著述乃其餘事。故於五經之上，更重四書，以孟子繼孔子而並稱，代替了漢唐時代以孔子繼周公而齊稱之舊規。此不得不謂乃宋儒闡揚孔子精神之一大貢獻。宋儒理學傳統迄於明代之亡而亦衰。清儒反宋尊漢，自標其學為漢學，乃從專治古經籍之訓詁考據而墮入故紙堆中，實並不能如漢唐儒之有意於通經致用，尚能在政治上有建樹。而孔子生平最重要之自學與教人之精神，清儒更所不瞭。下及晚清末運，今文公羊學驟起，又與乾嘉治經不同。推其極，亦不過欲重返之於如漢唐儒之通經而致用，其意似乎欲憑治古經籍之所得為根據，而以興起新政治。此距孔子生平所最重視之自學與教人精神，隔離仍遠。人才不作，則一切無可言。今者痛定思痛，果欲復興中國文化，不得不重振孔子儒家傳統，而闡揚孔子生平所最重視之自學與教人精神，實尤為目前當務之急。本書編撰，著眼在此。爰特揭發於序言中，以期讀者之注意。

本書為求能獲國人之廣泛誦讀，故篇幅力求精簡。凡屬孔子生平事蹟，經歷後人遞述，其間不少增益失真處，皆一律删削。本書寫作之經過，其用心於刊落不著筆處，實尤勝過於下筆寫入處。凡經前人辯論，審定其為可疑與不可信者，本書皆更不提及，以求簡淨。亦有不得盡略者，則於正文外別附「疑辨」二十五條，措辭亦力求簡淨，只略指其有可疑與不可信而止，更不多及於考證辨訂之詳。作者舊著先秦諸子繫年之第一卷，多於孔子事蹟有所疑辨考訂，本書只於「疑辨」諸條中提及繫年篇名，以便讀者之參閱，更不再事摘錄。

自宋以來，關於孔子生平事蹟之考訂辨證，幾於代有其人，而尤以清代為多。綜計宋、元、明、清四代，何止數十百家。本書之寫定，皆博稽成說，或則取其一是，捨其諸非。或則酌採數說，會成一是。若一一詳其依據人名、書名、篇名及其所以為說之大概，則篇幅之增，當較今在十倍之上。今亦盡量略去，只寫出一結論。雖若有掠美前人之嫌，亦可免炫博誇多之譏。

清儒崔述有洙泗考信錄及續錄兩編，為考訂辨論孔子生平行事諸家中之尤詳備者。其書亦多經後人引用。惟崔書疑及論語，實其一大失。若考孔子行事，並論語而疑之，則先秦古籍中將無一書可奉為可信之基本，如此將終不免於專憑一己意見以上下進退兩千年前之古籍，實非考據之正規。本書一依論語為張本，遇論語中有可疑處，若崔氏所舉，必博徵當時情實，善為解釋，使歸可信，不敢輕肆疑辨。其他立說亦有超出前人之外者，然亦不敢自標為作者個人之創見。立說必求有本，羣說必求相通，述而不作，信而好古，亦竊願以此自附於孔子之垂諭。

作者在民國十四年曾著論語要略一書，實為作者根據論語為孔子試作新傳之第一書。民國二十四年有先秦諸子繫年一書，凡四卷，其第一卷乃為孔子生平行事，博引諸家，詳加考辨，所得近三十篇。一九六三年又成論語新解，備採前人成說，薈粹為書，惟全不引前人人名、書名、篇名及其為説之詳，惟求提要鈎玄，融鑄為作者一家之言，其體例與今書相似。惟新解乃就論語全書逐條逐字解釋，重在義理思想方面，而於事蹟之考訂則缺。本書繼三書而作，限於體裁有別，於孔子學術思想方面僅能擇要涉及，遠不能與新解相比。但本書見解亦有越出於以上三書之外者。他日重有所獲不可知，在此四書中見解儻有相異，暫當以本書為定。讀者儻能由此書進而涉及上述三書，則尤為作者所私幸。

本書作意，旨在能獲廣泛之讀者，故措辭力求簡淨平易，務求免於艱深繁博之弊。惟恨行文不能盡求通俗化。如論語、左傳、史記以及其他先秦古籍，本書皆引錄各書原文，未能譯為白話。一則此等原文皆遠在兩千年以上，乃為孔子作傳之第一手珍貴材料，作者學力不足，若一一將之譯成近代通行之白話，恐未必能盡符原文之真。若讀者愛其易讀，而不再進窺古籍，則所失將遠勝於所得，此其一。又孔子言行，義理深邃，讀者苟非自具學問基礎，縱使親身經歷孔子之耳提面命，亦難得真實之瞭解，此其二。又孔子遠在兩千五百年之前，當時之列國形勢、政治實況、社會詳情，皆與兩千五百年後吾儕所處今日大相懸隔。吾儕苟非略知孔子當年春秋時代之情形，自於孔子當時言行不能有親切之體悟，此其三。故貴讀此書者能繼此進讀論語以及其他先秦古籍，庶於孔子言行與其所以成為中國歷史上之第一大聖人者，能不斷有更深之認識。且莫謂一讀本書，即可對瞭解孔子盡其能事。亦莫怪本書之未能更致力於通俗化，未能使人人一讀本書而盡獲其所欲知，則幸甚幸甚。

本書開始撰寫於一九七三年之九月，稿畢於一九七四年之二月。三月入醫院，為右眼割除白內障，四月補此序。

一九七四年四月錢穆識於臺北外雙溪之素書樓

再版序

予之此稿，初非有意撰述，乃由孔孟學會主持人親來敝舍懇請撰述孔、孟兩傳。其意若謂，為孔、孟兩聖作小傳，俾可廣大流行，作為通俗宣傳之用。余意則謂，中國乃一史學民族，兩千五百年前古代大聖如孔子，有關其言論行事，自司馬遷史記孔子世家以後，尚不斷有後人撰述。今再為作傳，豈能盡棄不顧，而僅供通俗流行之用。抑且為古聖人作傳，非僅傳其人傳其事，最要當傳其心傳其道。則其事艱難。上古大聖，其心其道，豈能淺說？豈能廣佈？遂辭不願。而請求者堅懇不已。終不獲辭，遂勉允之。

先為孔子作傳，搜集有關資料，凡費四月工夫，然後再始下筆。惟終以論語各篇為取捨之本源。故寫法亦於他書有不同。非患材料之少，乃苦材料之多。求為短篇小書，其事大不易。非患於多取，乃患於多捨。抑且斟酌羣言，求其一歸於正，義理之外，尚需考證，其事實有大不易者。

余此書雖僅短短十章，而所附「疑辨」已達二十五條之多，雖如史記孔子世家，亦有疑辨處。此非敢妄自尊大，輕薄古人。但遇多說相異處，終期其歸於一是。所取愈簡，而所擇愈艱。此如易傳非孔子作，其議始自宋代之歐陽修。歐陽修自謂上距孔子已千年，某始發此辨，世人疑之。然更歷千年，焉知不再有如某其人者出。則更歷千年，當得如某者三人。三人為眾，而至是某說可謂已得眾人之公論。則居今又何患一世之共非之。但歐陽所疑，不久而迭有信者。迄今千年，歐陽所疑殆已成為定論。余亦採歐說入傳中，定易傳非孔子作。此乃是孔子死後千餘年來始興之一項大問題大理論，余為孔子作傳，豈能棄置不列？又此有關學術思想之深義，豈能僅供通俗而棄置不論？

書稿既定，送孔孟學會，不謂學會內部別有審議會，審查余稿，謂不得認易傳非孔子作，囑改寫。然余之抱此疑，已詳數十年前舊稿先秦諸子繫年中。余持此論數十年未變，又撰有易學三書一著作，其中之一即辨此事。但因其中有關易經哲理一項，尚待隨時改修，遂遲未付印。對日抗戰國難時，余居四川成都北郊之賴家園，此稿藏書架中，不謂為蠹蟲所蛀，僅存每頁之前半，後半全已蝕盡，補寫為艱。吳江有沈生，曾傳鈔余書。余勝利還鄉，匆促中未訪其人，而又南下至廣州、香港。今不知此稿尚留人間否。

學會命余改寫，余拒不能從，而此稿遂擱置不付印。因乞還，另自付印，則距今亦踰十三年之久矣。今原出版處改變經營計畫，不再出版學術專著，故取回再版付印。略為補述其成書之緣起如上。至孟子傳，則並未續寫，此亦生平一憾事矣。余生平有已成書而未付印者，如上述之易學三書。又有已成書，而其稿為出版處在抗日勝利還都時墜落長江中，別無鈔本，如清儒學案。今因此稿再版，不禁心中聯想及之。而清儒學案一稿，則尤為余所惋惜不已者。茲亦無可詳陳矣。

一九八七年四月錢穆補序時年九十有三

第一章　孔子的先世

一　弗父何

孔子的先世是商代的王室。周滅商，周成王封微子啟於宋，遂從王室轉成爲諸侯。四傳至宋湣公，長子弗父何，次子鮒祀。湣公不傳子而傳弟，是爲煬公。兄終弟及本是商代的制度。但當時已盛行父子相傳。鮒祀弑其叔父煬公，欲其兄弗父何爲君。但弗父何若爲君，當治其弟弑君之罪，在家庭間又增悲劇，因此弗父何讓不受。其弟鮒祀立，是爲厲公。弗父何仍爲卿。孔子先世遂由諸侯家又轉爲公卿之家。直到孔子時，魯國孟僖子尚説孔子乃聖人之後，因弗父何以有宋而授厲公。

二　正考父

弗父何曾孫正考父，輔佐宋戴公、武公、宣公，皆爲上卿。但正考父不自滿假，每一受命，益增其恭。又自奉甚儉。嘗爲鼎銘，曰：

一命而僂，再命而傴，三命而俯，循牆而走，亦莫余敢侮。饘於是，粥於是，以糊余口。

這眞是一有修養的人。

三　孔父嘉

正考父生孔父嘉。孔父是其字，嘉是其名。因獲賜族之典，其後代以其先人之字爲氏，乃曰孔氏。孔父嘉爲孔子之六代祖。

宋宣公傳其弟爲穆公，孔父嘉爲大司馬。穆公又傳其兄宣公之子爲殤公，孔父嘉受遺命佐助嗣君。華父督欲弒君，遂先殺孔父嘉。

四　孔防叔

孔父嘉曾孫曰孔防叔，畏華氏之逼，始奔魯。爲防大夫，故曰防叔。魯有東防西防，防叔所治爲東防，在今費縣東北。

孔氏本爲宋貴卿。或說孔父被殺，孔氏卽失卿位，其子卽奔魯。或說孔父死後，孔氏卿位尚存，至防叔始奔魯。恐當以後說爲是。孔氏奔魯後，卿位始失。但亦不卽爲受地而耕之平民。在當時，貴族、平民之間尚有新興之士族，或是貴族後裔之疏遠者，或是貴族之破落者，與夫平民中之俊秀子弟，因其學習當時貴族階級禮樂射御書數諸藝，而得進身於貴族階層中當差服務，受祿養以爲生。此等士族，各國皆有，而魯爲盛。孔防叔在魯，其身分亦爲一士。其爲大夫亦只受祿，不得與封地世襲者相比。至是，孔子先世遂又由貴族公卿家轉爲士族之家。

五　叔梁紇

孔防叔之孫曰叔梁紇，因爲魯郰邑大夫，亦稱郰叔紇。郰字亦作鄹、作陬，又作鄒，乃邑名，非國名，與鄒國之鄒異。

叔梁紇武力絕倫，在當時以勇稱。

左傳襄公十年：

晉人圍偪陽，偪陽人啓門，諸侯之士門焉。縣門發，郰人紇抉之以出門者。

偪陽城門有兩重，一晨夕開闔之門，又別爲一門，高懸在上。偪陽人開其晨夕開闔之門，誘攻者進入城，乃放懸門而下之，阻絕進者使不得出，未進入者不得入。叔梁紇多力，抉舉其懸門，使不墜及於地，使在內者得復出。

叔梁紇爲孔子父。

第二章　孔子之生及其父母之卒

一　孔子之母

叔梁紇娶魯之施氏，生九女，無子。有一妾，生男曰孟皮，病足，爲廢人。乃求婚於顔氏。顔氏姬姓，與孔氏家同在陬邑尼丘山麓，相距近，素相知。顔氏季女名徵在，許配叔梁紇，生孔子。

【疑辨一】

史記稱叔梁紇與顔氏女禱於尼丘，野合而生孔子。此因古人謂聖人皆感天而生，猶商代先祖契，周代先祖后稷，皆有感天而生之神話。又如漢高祖母劉媼，嘗息大澤之陂，夢與神遇，遂產高祖。所云「野合」，亦猶如此。欲神其事，乃誣其父母以非禮，不足信。至謂叔梁老而徵在少，非婚配常禮，故曰「野合」，則是曲解。又前人疑孔子出妻，實乃叔梁紇妻施氏因無子被出。孟皮乃妾出，顏氏女爲續妻，孔子當正式爲後。語詳江永鄉黨圖考。

二　孔子生平

孔子生於魯襄公二十二年，亦有云生於魯襄公二十一年者。其間有一年之差。兩千年來學人各從一說，未有定論。今政府規定孔子生年爲魯襄公二十二年，並推定陽曆九月二十八日爲孔子之誕辰，今從之。

【疑辨二】

關於孔子生年之辨，詳拙著先秦諸子繫年卷一孔子生年考，亦定孔子生魯襄公二十二年。

孔子生於魯昌平鄉陬邑，因叔梁紇爲陬大夫，遂終居之也。

孔子名丘，字仲尼。因孔子父母禱於尼丘山而得生，故以爲名。

三　孔子父母卒年

孔子生，其父叔梁紇卽死，但不知其的歲。或云：孔子年三歲。孔子母死，亦不知其年。或云：孔子二十四歲母卒。不可信。史記孔子世家記孔子母卒在孔子十七歲前，當是。

檀弓云：

孔子少孤，不知其墓，殯於五父之衢。人之見之者，皆以爲葬也。其愼也，蓋殯也。問於鄹曼父之母，然後得合葬於防。

孔子父叔梁紇葬於防，其時孔子年幼，縱或攜之送葬，宜乎不知葬處。又古人不墓祭，歲時僅在家祭神主，不特赴墓地。又古人墳墓不封、不樹，不堆土、不種樹，無可辨認。孔氏乃士族，家微，更應如此。故孔子當僅知父墓在防，而不知其確切所在。及母卒，孔子欲依禮合葬其父母，乃先淺葬其母於魯城外五父之衢。而葬事謹愼周到，見者認爲是正式之葬，乃不知其是臨時淺葬。故曰「蓋殯也」，非葬也。鄹曼父史記作「輓父」，輓是喪車執紼者，蓋其人親預孔子父之喪事，故知其葬地，其母以告孔子。此事距孔子母死又幾何時則不詳。時孔子尚在十七歲以前，而其臨事之縝密已如此。

【疑辨三】

此事亦多疑辨，然主要在疑孔子不當不知其父葬處，此乃以後代社會情況推想古代。今不從。

第三章　孔子之早年期

一　孔子之幼年

史記孔子世家：

孔子爲兒嬉戲，常陳俎豆，設禮容。

孔子生士族家庭中，其家必有俎豆禮器。其母黨亦士族，在其鄉黨親戚中宜尚多士族。爲士者必習禮。孔子兒時，耳濡目染，以禮爲嬉，已是一士族家庭中好兒童。

二　孔子十五志學

孔子自曰：

吾十有五而志於學。（為政）

孔子幼年期之教育情況，其詳不可知。當時士族家庭多學禮樂射御書數六藝，以爲進身謀生之途，是卽所謂儒業。說文：「儒，術士之稱。」術士卽猶言藝士也。儒乃當時社會一行業，一名色，已先孔子而有。卽叔梁紇、孔防叔上不列於貴族，下不儕於平民，亦是一士，其所業亦卽是儒。惟自孔子以後，而儒業始大變。孔子告子夏：「汝爲君子儒，毋爲小人儒。」（雍也）可見儒業已先有。惟孔子欲其弟子爲道義儒，勿僅爲職業儒，其告子夏者卽此意。

孔子又曰：

三年學，不志於穀，不易得也。（泰伯）

可見其時所謂學，皆謀求進身貴族階層，得一職業，獲一分穀祿爲生。若僅止於此，是即孔子所謂之「小人儒」。孔子之爲學，乃從所習六藝中，探討其意義所在，及其源流演變，與其是非得失之判，於是乃知所學中有道義。孔子之所謂「君子儒」，乃在其職業上能守道義，以明道行道爲主。不合道則寧棄職而去。此乃孔子所傳之儒學。自此以後，儒成一學派，爲百家講學之開先，乃不復是一職業矣。孔子自謂「十有五而志於學」，殆已於此方面知所趨向，並不專指自己對儒者諸藝肯用功學習言。

檀弓：

孔子既祥五日，彈琴而不成聲，十日而成笙歌。

父母之喪滿一年爲小祥，滿兩年爲大祥，皆有祭。此當指母卒大祥之祭。時孔子尚在少年，然已禮樂斯須不去身。此見孔子十五志學後精神。

三　孔子初仕

士族習儒業爲出仕，此乃一家生活所賴。孔子早孤家貧，更不得不急謀出仕。孟子：

孔子嘗爲委吏矣，曰：會計當而已矣。嘗爲乘田矣，曰：牛羊茁壯長而已矣。（萬章下）

委吏乃主管倉庫委積之事，乘田乃主管牛羊放牧蕃息之事。當時貴族家庭即任用儒士來任此等職務。孔子自曰：

吾少也賤，故多能鄙事。（子罕）

爲委吏必料量升斗，會計出納。爲乘田必晨夕飼養，出放返繫。此等皆鄙事。孔子以早年地位卑賤，故多習此等事。

家語：

孔子年十九，娶於宋亓官氏，一歲而生伯魚。伯魚之生也，魯昭公以鯉賜孔子。榮君之貺，故名曰鯉而字伯魚。

亓官氏亦在魯，見魯相韓勑造孔廟禮器碑。云宋亓官氏，則亦如孔氏，其家乃自宋徙魯。古者國君諸侯賜及其下，事有多端。或逢魯君以捕魚爲娛，孔子以一士參預其役，例可得賜，而適逢孔鯉之生。不必謂孔子在二十歲前已出仕，故能獲國君之賜。以情事推之，孔子始仕尚在後。

左傳昭公十七年秋，郯子來朝，昭公問少皞氏官名云云，仲尼聞之，見於郯子而學之。是歲孔子年二十七。其時必已出仕，故能見異國之君。故知孔子出仕當在此前。

子入太廟，每事問。或曰：「孰謂鄹人之子知禮乎？入太廟，每事問。」子聞之，曰：「是禮也？」（八佾）

此事不知在何年？然亦必已出仕，故得入太廟充助祭之役。見稱曰「鄹人之子」者，其時尚年少，當必在三十前。然其時孔子已以知禮知名，故或人譏之。「是禮也」，應爲反問辭。孔子聽或人之言，反問說：「即此便是禮嗎？」蓋其時魯太廟中多種種不合禮之禮。如三家之以雍徹，孔子曰：「雍之歌，何取於三家之堂？」（八佾）此乃明斥其非禮。但在孔子初入太廟時，年尚少，位尚卑，明知太廟中種種非禮，不便明斥，遂只裝像不知一般，問此陳何器？此歌何詩？其意欲人因此反省，知此器不宜在此陳列，此詩不宜在此歌頌。特其辭若緩，而其意則峻。若僅是知得許多器物歌詩，習得許多禮樂儀式，徒以供當時貴族奢僭失禮之役使，此乃孔子所謂僅志於穀之小人儒。必當明得禮意，求能矯正當時貴族之種種奢僭非禮者，乃始得爲君子儒。孔子十五志學，至其始出仕，已能有此情意，達此境界，此遠與當時一般人所想像之所謂「知禮」不同，則宜乎招來或人之譏矣。

孔子又自曰：

十有五而志於學，三十而立。（為政）

知孔子之學，非追隨時代之風氣，志在求業而學。若是追隨時代，志在求業，此非可謂之「志於學」。孔子之志於學，乃是一種超越時代，會通古今之學。孔子在十五之幼年，而已於此有所窺見而有志尋求，可謂卓乎不倫矣。「三十而立」者，孔子至於三十，乃確乎卓然有立，獨立不倚，強立不反，自知其所學之有成，而不隨衆爲俯仰。此一進程，正可於「子入太廟」之一節記載中覘其梗概。

第四章 孔子之中年期

一 孔子授徒設教

孔子少年出仕，可考者僅知其曾爲委吏與乘田，其歷時殆不久。孔子年過三十，殆即退出仕途，在家授徒設教。至是孔子乃成爲一教育家。其學既非當時一般士人之所謂學，其教亦非當時一般士人之所爲教，於是孔子遂成爲中國歷史上特立新創的第一個以教導爲人大道爲職業的教育家。後世尊之曰「至聖先師」。

孔子自曰：

自行束脩以上，吾未嘗無誨焉。（述而）

當時人從師求學禮樂射御書數諸藝，以求仕進、獲穀祿者已多。從師必有贄見禮，求學亦必有學費。束脩乃一束乾肉，乃童子見師之禮，爲禮中之最薄者。自此以上，弟子求學各視其家之有無，對師致送敬儀，如近代之有學費，厚薄不等，而爲師者卽可藉此爲生。故孔子自開始授徒設教後，卽不復出仕。而在其日常生活中，比較有更多之自由。論其職業性，又比較有獨立之地位。

左傳昭公二十年：

衞齊豹殺孟縶，宗魯死之，琴張將往弔。仲尼曰：「齊豹之盜而孟縶之賊，女何弔焉？」

是年，孔子年三十一。琴張乃孔子弟子，殆在當時已從遊。知孔子三十歲後卽授徒設教。

左傳昭公七年：

公至自楚，孟僖子病不能相禮，乃講學之，苟能禮者從之。及其將死也，召其大夫曰：「禮，人之幹也。無禮無以立。吾聞將有達者曰孔丘，聖人之後也。我若獲沒，必屬說與何忌於夫子，使事之而學禮焉，以定其位。」故孟懿子與南宮敬叔師事仲尼。

此時貴族階級既多奢僭違禮，同時又多不悅學，不知禮。孟僖子相魯君過鄭至楚，在種種禮節上多不能應付，歸而深自悔憾。其卒在昭公二十四年。時孔子年三十五，授徒設教已有聲譽，故孟僖子亦聞而知之。臨死，乃遺命其二子往從學禮。說爲南宮敬叔，何忌爲孟懿子，兩人同生於昭公十二年，或是一母雙生。其父之卒，兩人皆年僅十三，未必即前往孔子所從學。至二人在何年往從孔子，今已不可考。其時孔子所講之禮，多主裁抑當時貴族之奢僭非禮，然當時貴族乃並不以孔子爲忤，並羣致敬意。至如孟僖子之命子從學，則尤爲少見。此層亦爲論孔子時代者所當注意。

二　孔子適齊

左傳昭公二十五年：

將禘於襄公，萬者二人，其衆萬於季氏。

「禘」是大祭，「萬」是舞名。業此舞者，是日，皆往季氏之私廟，而公家廟中舞者僅得兩人。其時季孫氏驕縱無禮，心目中已更無君上，而昭公亦不能復忍。君臣起釁，昭公遂奔齊。

孔子謂季氏：

八佾舞於庭，是可忍也，孰不可忍也？（八佾）

「佾」是舞列。八佾者，以八人爲一佾，八八六十四人。此章所斥，或即魯昭公二十五年事。「孰不可忍」者，謂逐君弒君在季氏皆可忍爲之也。或說：季氏如此無君，猶可忍而不治，則將爲何等事，乃始不可忍而治之乎？是孔子已推知季氏有逆謀，魯國將亂；其發爲此言，固不僅爲季氏之僭越而已。較之「子入太廟」一章所載語氣意態大不相同，見道愈明，出辭愈厲。此亦可見孔子「三十而立」後之氣象。

史記孔子世家：

季平子得罪魯昭公，昭公率師擊平子，平子與孟氏、叔孫氏三家共攻昭公。昭公師敗，奔於齊。齊處昭公乾侯。其後頃之，魯亂，孔子適齊。

是年，孔子年三十五。其適齊，據史記，乃昭公被逐後避亂而去。或說在昭公被逐前見幾先作。今不可定。

子在齊聞韶，三月不知肉味。曰：「不圖爲樂之至於斯也。」（述而）

史記孔子世家：

與齊太師語樂，聞韶音，學之，三月不知肉味。

韶相傳是舜樂。一說舜後有遂國，爲齊所滅，故齊得有韶。或說陳敬仲奔齊，陳亦舜後，敬仲攜韶樂而往，故齊有之。史記「三月」上有「學之」二字，蓋謂孔子聞韶樂而學之，凡三月。在孔子三月學韶之期，心一於是，更不他及，遂並肉味而不知。孔子愛好音樂心情之深摯與其向學之沉潛有如此。若謂孔子一聞韶音，乃至三月不知肉味，則若其心有滯，亦不見孔子遇事好學之殷。故知論語此章文簡，必加史記釋之爲允。

孔子自曰：

志於道，據於德，依於仁，游於藝。（述而）

「藝」即禮樂射御書數。當時之學，即在此諸藝。惟孔子由藝見道，道德心情與藝術心情兼榮並茂，兩者合一，遂與當時一般儒士之爲學大不同。孔子曾問官於郯子，學琴於師襄。其學琴師襄之年不可考，但孔子於音樂有深嗜，有素養，故能在齊聞韶而移情學之如是。子貢曰：「夫子焉不學，而亦何常師之有。」（子張）其學韶三月，亦必有師。其與齊太師語樂，齊太師或即其學韶之師耶？

齊景公問政於孔子，孔子對曰：「君君、臣臣、父父、子子。」公曰：「善哉！信如君不君、臣不臣、父不父、子不子，雖有粟，吾得而食諸？」（顏淵）

孔子乃魯國一士，流寓來齊，而齊景公特予延見，並問以爲政之道。此見當時孔子已名聞諸侯，而當時貴族階層雖已陷崩潰之前期，然猶多能禮賢下士，虛懷問道；亦見當時吾先民歷史文化積累之深厚。時齊景公失政，大夫陳氏厚施於國，景公又多内嬖，不立太子，故孔子告以爲君當盡君道，爲臣當盡臣道，爲父當盡父道，爲子當盡子道。語氣若平和，但爲君父者不盡君父之道，如何使臣子盡臣子之道？孔子之言，乃告景公當先盡己道也。景公悅孔子言而不能用。其後果以繼嗣不定，啟陳氏弑君篡國之禍。

子禽問於子貢曰：「夫子至於是邦也，必聞其政。求之與，抑與之與？」子貢曰：「夫子溫良恭儉讓以得之。夫子之求之也，其諸異乎人之求之與！」（學而）

「溫良恭儉讓」五字，描繪出孔子盛德之氣象，光輝照人，易得敬信，時君自願以政情就而問之。但若眞欲用孔子，則同時相背之惡勢力必羣起沮之。故孔子之道亦遂終身不行。其情勢已於在齊之期見其端。

> 齊景公待孔子，曰：「若季氏，則吾不能，以季、孟之間待之。」曰：「吾老矣，不能用也。」孔子行。（微子）

此章齊景公兩語，先後異時。先見孔子而悅之，私下告人，欲以季、孟之間待孔子。是欲以卿禮相待也。後志不決，意轉衰怠，乃曰：「吾老矣，不能用。」時景公年在五十外，自稱老，其無奮發上進之氣可知。故孔子聞之而行。

孟子：

> 孔子之去齊，接淅而行，去他國之道也。（盡心下）

【疑辨四】

孔子適齊，事迹可考信者惟此。尚有孔子適齊爲高昭子家臣，又景公將以尼谿田封孔子，晏嬰沮之諸說，前人競致疑辨。其他不可信之説尚多，今俱不列。

三　孔子反魯

檀弓：

延陵季子適齊，於其反也，其長子死，葬於嬴、博之間。孔子曰：「延陵季子，吴之習於禮者也。」往而觀其葬焉。

吴季札適齊在魯昭公二十七年，事見左傳。嬴、博間近魯境，孔子蓋自魯往觀。孔子以昭公二十五年適齊，二十七年又在魯，蓋在齊止一年。或説孔子留齊七年，或説孔子曾三至齊，皆不可信。吴季札當時賢人，孔子往觀其葬子之禮，亦所謂「無不學而何常師」之一例。

或謂孔子曰：「子奚不爲政？」子曰：「書云：『孝乎惟孝，友于兄弟。』施於有政，是亦爲政。奚其爲爲政？」（爲政）

孔子以六藝教，此本當時進仕之階。孔子既施教有名，故時人皆期孔子出仕。但在孔子之意，出仕爲政，乃所以行道。其他一切人事亦皆所以行道。家事亦猶國事，果使出仕爲政而不獲行道，則轉不如居家孝友猶得行道之爲愈。其答或人之問，見其言緩意峻。此章或在適齊前，或在自齊返魯後，不可定。

孔子自言，十有五而志於學，即是有志學此道。三十而立，即能立身此道。又言四十而不惑，即是於此道不復有所惑。世事之是非得失，吾身之出處進退，聲名愈聞，則交涉愈廣，情況愈複雜，而關係亦愈大；在孔子則是見道愈明，而守道愈篤，故不汲汲於求出仕也。

孔子又曰：

加我數年，五十以學，亦可以無大過矣。（述而）

此章當在孔子年近五十時。皇侃曰：「當孔子爾時，年已四十五、六。」此無確據，但亦近似。孔子教學相長，其設教之期即其進學之期。孔子亦自知譽望日高，魯亂日迫，形勢所趨，終不能長日閉門不一出仕。乃自望於五十前猶能於學養上更有進，他日出任大事，庶可無過。此指出仕行道言，非謂四十不惑以後，居家設教，猶不免有大過也。

【疑辨五】

此章「亦」字或作「易」，遂有孔子五十學易之說。此事前人疑辨亦多，語詳拙著先秦諸子繫年孔門傳經辨。

史記孔子世家：

孔子不仕，退而修詩書禮樂，弟子彌眾，至自遠方，莫不受業焉。

孔子自齊返魯，下至其出仕，尚歷十三、四年。若以三十後始授徒設教計之，前後共近二十年。此爲孔子第一期之教育生涯。其前期弟子中著名者，有顏無繇、仲由、曾點、冉伯牛、閔損、冉求、仲弓、宰我、顏回、高柴、公西赤諸人。

子路、曾皙、冉有、公西華侍坐。子曰：「以吾一日長乎爾，毋吾以也。居則曰：不吾知也。如或知爾，則何以哉？」子路率爾而對曰：「千乘之國，攝乎大國之間，加之以師旅，因之以饑饉，由也爲之，比及三年，可使有勇，且知方也。」夫子哂之。「求爾何如？」對曰：「方六七十，如五六十，求也爲之，比及三年，可使足民。如其禮樂，以俟君子。」「赤爾何如？」對曰：「非曰能之，願學焉。宗廟之事，如會同，端章甫，願爲小相焉。」「點爾何如？」鼓瑟希，鏗爾，舍瑟而作。對曰：「異乎三子者之撰。」子曰：「何傷乎！亦各言其志也。」曰：「莫春者，春服既成，冠者五六人，童子六七人，浴乎沂，風乎舞雩，詠而歸。」夫子喟然歎曰：「吾與點也。」三子者出，曾皙後。曾皙曰：「夫三子者之言何如？」子曰：「亦各言其志也已矣。」曰：「夫子何哂由也？」曰：「爲國以禮，其言不讓，是故哂之。」「唯求則非邦也與？」「安見方六七十，如五六十，而非邦也者？」「唯赤則非邦也與？」「宗廟會同，非諸侯而何？赤也爲之小，孰能爲之大？」（先進）

此章可見當時孔門師弟子講學懽情之一斑。子路少孔子九歲。曾皙，曾參父，或較子路略年幼，故記者序其名次後於子路。冉有少孔子二十九歲。公西華最年輕，少孔子三十二歲。此章問答應在孔子五十出仕前。孔門講學本在用世，故有「如或知爾」之問。子路長治軍，冉有長理財，公西華長外交禮節，三人所學各有專長，可備世用。孔子聞三子之言，其樂可知。然孔子則寄慨於道大而莫能用，深惜三子者之一意於進取，而或不遇見用之時，乃特賞於曾皙之放情事外，能從容自得樂趣於日常之間也。

子曰：「飯疏食、飲水，曲肱而枕之，樂亦在其中矣。不義而富且貴，於我如浮雲。」（述而）

此章可見孔子當時生事甚困，然終不改其樂道之心。如曾點寄心事外，乃必有待於暮春之與春服，冠者之與童子，浴沂之與風雩，須遇可樂之境與可樂之事以爲樂。而孔子則樂無不在，較之曾點爲遠矣。自後惟顏淵爲庶幾。可見孔子當時「與點」一歎，乃爲別有心情，別有感慨，特爲子路、冉有、公西華言之，使之寬其胸懷，勿汲汲必以用世爲務也。

子曰：「道不行，乘桴浮於海，從我者其由與！」子路聞之喜。子曰：「由也，好勇過我，無所取材。」（公冶長）

道在我，雖飯疏飲水亦可樂。道不行，其事可傷可歎，亦非浴沂風雩之可解。當時凡來學於孔子之門者，皆有意於用世，然未必皆有志於行道。孔子「與點」之歎，爲諸弟子之汲汲有意用世而歎也。此章「乘桴」之歎，則爲道不行而歎。道不行於斯世，乃欲乘桴浮海，此所以爲孔子；若曾點則迹近莊老矣。然乘桴浮海亦待取竹木之材以爲桴，而此等材料亦復無所取之，此可想孔子所歎之深矣。子路雖汲汲用世，然孔子若決心浮海，子路必勇於相從。當時孔子師弟子之心胸意氣，亦可於此參之。

> 子欲居九夷。或曰：「陋，如之何？」子曰：「君子居之，何陋之有？」（子罕）

居夷之想，亦猶浮海之想也。皆爲道不行，而寄一時之深慨。此皆孔子抱道自信之深，傷時之殷，憂世之切而有此，非漫爾興歎也。

> 顏淵、季路侍。子曰：「盍各言爾志！」子路曰：「願車馬衣輕裘，與朋友共，敝之而無憾。」顏淵曰：「願無伐善，無施勞。」子路曰：「願聞子之志。」子曰：「老者安之，朋友信之，少者懷之。」（公冶長）

顏淵，顏無繇之子，少孔子三十歲，亦少子路二十一歲。在孔子前期教育中及門較晚。孔子於前期弟子中，若惟子路、顏淵最所喜愛。某日者，遇其同侍，因使各言爾志。後來論語記者以他日顏淵成就尤勝子路，故本章序顏淵於子路之上。就當時論，顏淵尚不滿二十歲，而子路則其父執也。子路率爾先對，願能以財物與朋友相共，而無私己之意。顏淵則能自財物進至於德業。己有善，不自誇伐。有勞於人，不自感由我施之。盡其在我，而泯於人我之迹。此與子路實爲同一心胸、同一志願，而所學則見其彌進矣。至孔子，則不僅願其在己心中只此人我一體之仁，卽在與己相處之他人，亦願其同在此仁道中，同達於化境，不復感於彼與我之有隔。在我則老者養之以安，而老者亦安我之養。朋友交之以信，而朋友亦信我之交。幼者懷之以恩，而幼者亦懷我之恩。其實孔子此種心胸志願，亦仍與子路、顏淵相同，只見其所學之益進而已。若使孔子此志此道能獲在政治上施展，則誠有如子貢所言：「夫子之得邦家，立之斯立，道之斯行，綏之斯來，動之斯和。」（子張）孔子抱斯道於己，豈有不期其大行於世。上引諸章，殆皆在孔子五十出仕前，其生活之清淡及其師弟子間講學心情之眞摯而活潑，事隔逾兩千年，皆可躍然如見。

第五章　孔子五十歲後仕魯之期

一　孔子出仕之前緣

史記孔子世家：

桓子嬖臣仲梁懷，與陽虎有隙。陽虎執懷，因桓子，與盟而醳之。陽虎益輕季氏。

陽虎爲季氏家臣，其因季桓子事，詳見左傳定公五年。季氏爲魯三家之首，執魯政，而其家臣陽虎乃生心叛季氏。孔子素主裁抑權臣，其於季氏有「是可忍孰不可忍」之歎。陽虎既欲叛季氏，乃欲攀援孔子以自重。

陽貨欲見孔子，孔子不見。歸孔子豚。孔子時其亡也而往拜之，遇諸塗。謂孔子曰：「來！予與爾言。」曰：「懷其寶而迷其邦，可謂仁乎？」曰：「不可。」「好從事而亟失時，可謂知乎？」曰：「不可。」「日月逝矣，歲不我與。」孔子曰：「諾！吾將仕矣。」（陽貨）

孟子書亦記此事曰：

陽貨欲見孔子，而惡無禮。大夫有賜於士，不得受於其家，則往拜其門。陽貨矙孔子之亡也而饋孔子蒸豚，孔子亦矙其亡也而往拜之。（滕文公下）

此陽貨即左傳、史記中之陽虎，蓋虎是其名。其時魯政已亂，陽貨雖爲家臣，而權位之尊擬於大夫。孔子雖不欲接受其攀援，然亦不欲自背於當時共行之禮，乃瞰陽貨之亡而往答拜。塗中之語，辭緩意峻，一如平常，貨亦無奈之何。此事究在何時，不可知。但應在定公五年後。史記孔子世家：

定公八年，公山不狃不得意於季氏，因陽虎爲亂，欲廢三桓之適，更立其庶孽陽虎素所善者。遂執季桓子。桓子詐之，得脫。

此事詳左傳。公山不狃爲季氏私邑費之宰。內結陽虎，將享桓子於蒲圃而殺之。桓子知其謀，以計得脫。其事發於陽虎，不狃在外，陰構其事，而實未露叛形。

> 公山弗擾以費畔，召。子欲往。子路不說，曰：「末之也已！何必公山氏之之也！」子曰：「夫召我者，而豈徒哉？如有用我者，吾其爲東周乎！」（陽貨）

弗擾即不狃。謂其以費畔，乃指其存心叛季氏。而孔子在當時講學授徒，以主張反權臣聞於時，故不狃召之；亦猶陽虎之欲引孔子出仕，以張大反季氏之勢力。孔子聞召欲往者，此特一時久鬱之心，遇有可爲，不能無動。因其時不狃反迹未著，而其不阿季氏之態度則已襮露，與人俱知。故孔子聞召，偶動其欲往之心。子路不悅者，其意若謂孔子大聖，何爲下儕一家宰。但孔子心中殊不在此等上計較。故曰：「如有用我者，吾其爲東周乎！」（陽貨）孔子自有一番理想與抱負，固不計用我者之爲誰也。然而終於不往。其欲往，見孔子之仁。其終於不往，見孔子之知。

史記孔子世家：

> 孔子循道彌久，溫溫無所試。莫能己用。

此數語乃道出了孔子當時心事。

孔子曰：「天下有道，則禮樂征伐自天子出。天下無道，則禮樂征伐自諸侯出。自諸侯出，蓋十世希不失矣。自大夫出，五世希不失矣。陪臣執國命，三世希不失矣。天下有道，則政不在大夫。天下有道，則庶人不議。」（季氏）

孔子曰：「祿之去公室，五世矣。政逮於大夫，四世矣。故夫三桓之子孫，微矣。」（季氏）

此引上一章，不啻統言春秋二百四十年間之世變，下一章專言魯公室與三家之升沉。孔子非於其間有私憤好，亦非謂西周盛時周公所定種種禮制，此下皆當一一恪遵不變。然而，此二百數十年來之往事，則已昭昭在目。有道者如此，無道者如彼，吉凶禍福，判若列眉。孔子特抱一番行道救世之心。苟遇可爲，不忍不出。其曰：「吾其爲東周。」則孔子心中早有一番打算，早有一幅構圖，固非爲維持周公之舊禮制於不變不壞而已。然而孔子則終於不出。不得已而終已，則其心事誠有難與人以共曉者。故亦不與弟子如子路輩詳言之也。

公山之召，其事應在定公之八年，時孔子已年五十。

孔子又曰：

吾五十而知天命。（為政）

人當以行道爲職，此屬天命。但天命人以行道，而道有不行之時，此亦是天命。陽貨、公山弗擾皆欲攀孔子出仕，而孔子終不出。若有可爲之機，而終堅拒不爲。蓋知此輩皆不足與謀，枉尺直尋，終不可直。孔子在五十前居家授徒，既已聲名洋溢，而孔子終於堅貞自守，高蹈不仕。然此尚在孔子三十而立、四十而不惑之階段。孔子五十以後，乃終於一出，其意態若由消極一轉而爲積極，實則並非如此。孔子三十以後之家居授徒，早已是一種積極態度。所以若前後出處有轉變，此乃孔子由「不惑」轉進到「知天命」，在己則學養日深，而在人則更不易知。

孔子又曰：

人不知而不愠，不亦君子乎。（學而）

如其欲赴公山弗擾之召而子路不悦，孔子實難以言辭披揭其內心之所藴。吾道所在，既不能驟喻於吾朋，則亦惟有循循善誘教人不倦之一法，夫亦何愠之有？

【疑辨六】

亦有疑陽貨、公山弗擾之事者。疑陽貨不得爲大夫，疑公山弗擾並不以此年叛。但陽貨雖爲季氏家臣，亦得儕於大夫之位，此即見季氏之擅魯。公山弗擾在當時雖無叛迹，而已有叛情。皆不必疑。

二　孔子為中都宰至為司空、司寇

史記孔子世家：

定公九年，陽虎奔於齊。其後，定公用孔子爲中都宰。一年，由中都宰爲司空，由司空爲大司寇。

魯國既經陽虎之亂，三家各有所憬悟。在此機緣中，孔子遂得出仕。在魯君臣既有起用孔子之意，孔子亦遂翩然而出。其時孔子年五十一。在一年之間而升遷如此之速，則當時魯君與季氏其欲重用孔子之心情亦可見矣。

【疑辨七】

孔子爲中都宰，其事先見於檀弓，又見於孔子家語。今傳家語乃王肅僞本，然司馬遷所見當是家語之原本。既此三書同有此事，應無可疑。魯國國卿，季氏爲司徒，叔孫爲司馬，孟孫爲司空。孔子自中都宰遷司空，亦見孔子家語。應爲小司空，屬下大夫之職。又遷司寇，韓詩外傳載其命辭曰：「宋公之子，弗甫何孫，魯孔邱，命爾爲司寇。」此是命卿之辭。孔子至是始爲卿職。史遷特稱爲大司寇，明其非屬小司寇。則其前稱司空，乃屬小司空可知。史遷以前各書，如左傳、孟子、檀弓、荀子、呂氏春秋、韓詩外傳等，皆稱孔子爲司寇，是卽大司寇也。疑及孔子仕魯官職名位之差錯者甚多，今以司空、司寇之大小分釋之，則事亦無疑。至於檀弓、家語載孔子爲中都宰及司空時行事，或有可疑。但爲時甚暫，無大關係可言，今俱不著。又荀子及他書又言孔子誅少正卯，其事不可信，詳拙著先秦諸子繫年孔子誅少正卯辨。

三　孔子相夾谷

左傳定公十年：

夏，公會齊侯於祝其，實夾谷，孔丘相。犂彌言於齊侯曰：「孔丘知禮而無勇，若使萊人以兵劫魯侯，必得志焉。」齊侯從之。孔丘以公退，曰：「士兵之！兩君合好，而裔夷之俘以兵亂之，非齊君所以命諸侯也。裔不謀夏，夷不亂華，俘不干盟，兵不偪好。於神爲不祥，於德爲愆義，於人爲失禮。君必不然。」齊侯聞之，遽辟之。將盟，齊人加於載書，曰：「齊師出竟，而不以甲車三百乘從我者，有如此盟。」孔子使茲無還揖對，曰：「而不反我汶陽之田，吾以共命者，亦如之。」齊人來歸鄆、讙、龜陰之田。

此夾谷在山東泰安萊蕪縣。齊靈公滅萊，萊民播流在此。所謂「相」，乃爲魯君相禮，於一切盟會之儀作輔助也。春秋時，遇外交事，諸侯出境，相其君而行者非卿莫屬。魯自僖公而下，相君而出者皆屬三家，皆卿職也。如魯昭公如楚，孟僖子相，即其例。此次會齊於夾谷，乃由孔子相，此必孔子已爲司寇之後。自魯定公七年後，齊景公背晉爭霸，鄭、衛已服，而其時晉亦已衰，齊、魯偪處。而此數年來兩國積怨日深，殆是孔子力主和解，獻謀與齊相會。三家者懼齊強，恐遭挫辱，不敢行，乃以孔子當其衝。齊君臣果武裝萊人威脅魯君，以求得志，幸孔子以大義正道之言辭折服之。乃齊人復於臨盟前，在盟書上添加盟辭，責魯以以小事大之禮，遇齊師有事出境，則魯必以甲車三百乘從行。當此時，拒之則盟不成，若勉爲屈從，則喫眼前虧太大。孔子又臨機應變，即就兩國眼前事，陽虎以魯汶陽鄆、讙、龜陰之田奔齊，謂齊若不回歸此三地，則魯亦無必當從命之義。汶陽田本屬魯，齊納魯叛臣而有之。今兩國既言好，齊亦無必當據有此田之理由。孔子此時只就事言事，既不激昂，亦不萎弱，而先得眼前之利。即以此三地之田賦，亦足當甲車三百乘之供矣。

【疑辨八】

夾谷之會，其事又見於穀梁傳，有「優施舞於魯君幕下，孔子使斬之，首足異門而出」之語。恐其事不可信。又此次之會，似乃魯欲和解於齊，乃史記孔子世家有齊大夫犂鉏言於景公曰：「魯用孔丘，其勢危齊。」一若齊來乞盟於魯。過欲爲孔子渲染，疑亦非當時情實。鄆、讙、龜陰之田皆在汶陽，本屬季氏。前一年陽虎以之奔齊，至是魯、齊既言好，齊欲與晉爭霸，欲魯捨晉事齊，故歸此三地之田。既不爲懼魯之用孔子，亦不爲齊君自悔其會於夾谷之不義無禮而謝過，左傳記載甚明。過分渲染，欲爲孔子誇張，反失情實，遂滋疑辨。但孔子之相定公會夾谷，其功績表現亦已甚著。後人依據左傳而疑穀梁與史記是也。若因穀梁與史記之記載失實而牽連並疑左傳，遂謂左傳所記亦並無其事，則更失之。今既無明確反證，即難否認左傳所記夾谷一會之詳情。

四　孔子墮三都

孔子爲魯司寇，其政治上之表現有兩大事。其一爲相定公與齊會夾谷，繼之則爲其「墮三都」之主張。相夾谷在定公十年，墮三都在定公十二年。

公羊傳定公十二年：

孔子行乎季孫，三月不違。曰：「家不藏甲，邑無百雉之城。」於是帥師墮郈，帥師墮費。

左傳定公十二年：

仲由爲季氏宰，將墮三都。於是叔孫氏墮郈。季氏將墮費，公山不狃、叔孫輒帥費人以襲魯。魯公與三子入於季氏之宮，登武子之臺。費人攻之，弗克。入及公側，仲尼命申句須、樂頎下伐之。費人北，國人追之，敗諸姑蔑。二子奔齊。遂墮費。將墮成，公斂處父謂孟孫：「墮成，齊人必至於北門。且成，孟氏之保障也；無成，是無孟氏也。子爲不知，我將不墮。」冬十二月，公圍成，弗克。

其時季氏專魯政。孔子出仕，由中都宰一年之中而驟遷至司寇卿職。雖曰出魯公之任命，實則由季氏之主張。孔子相夾谷之會，而齊人來歸汶陽之田，此田即季氏家宰叛季氏而挾以投齊者。由此季氏對孔子當益信重。而孔子弟子仲由乃得爲季孫氏之家宰，則季氏之信任孔子，大可於此推見。公羊傳云：「三月不違。」三月已歷一季之久，言孔子於季孫氏可以歷一季之久而所言不相違。則凡孔子之言，季孫氏蓋多能聽從。故孟子曰：「孔子於季孫氏，爲見行可之仕。」言孔子得季孫氏信任，見爲可以明志行道也。然孔子當時所欲進行之大政事，首先即爲剝奪季孫氏以及孟孫、叔孫氏三家所獲之非法政權，以重歸之於魯公室。此非孔子欲謀不利於三家，孔子特欲爲三家久遠之利而始有此主張。故孔子直告季孫，謂依古禮，私家不當藏兵甲。私家之封邑，其城亦不得逾百雉。孔子以此告季孫氏，正如與虎謀皮。然季孫氏亦自懷隱憂。前在昭公時，南蒯即曾以費叛。及陽虎之亂，費宰公山不狃實與同謀。今陽虎出奔已三年，而公山不狃仍爲費宰，季氏亦無如之何。其城大，又險固，季氏可以據此背叛魯君，然其家臣亦可據此背叛季氏。今季氏正受此患苦。故季氏縱不能深明孔子所陳之道義，然亦知孔子所言非爲謀我，乃爲我謀，故終依孔子言墮費。其實孔子亦不僅爲季氏謀，乃爲魯國謀。亦不僅爲魯國謀，乃爲中國、爲全人類謀。就孔子當時之政情，則惟有從此下手也。費宰公山不狃，即其前欲召孔子之人，至是乃正式抗命。前一年，侯犯即以郈叛適齊。孔子與子路之提議墮三都，殆亦由侯犯事而起。其時齊已歸郈於魯，故叔孫氏首墮郈，亦以其時郈無宰，故墮之易。叔孫輒乃叔孫氏之庶子，無寵。陽虎之亂，即謀以輒代其父州仇。既不得志，至是乃追隨公山不狃同叛。其時叔孫一家亦復是臣叛於外，子叛於內，各競其私，離散爭奪，與季孫氏家同有不可終日之勢。依孔子、子路之獻議，庶可振奮人心，重趨團結。惟孟孫氏一家較不然。孟懿子與南宫敬叔受父遺命，往學禮於孔子，然懿子襲父位，主一家之政，其親受教誨之日宜不多。殆是見道未明，信道未篤。雖不欲違孔子墮都之議，然前陽虎之亂，圖殺孟懿子，而陽虎欲自代之，幸成宰公斂處父警覺有謀，懿子得免，陽虎亦終敗。故懿子極信重處父。處父所言亦若有理。自當時形勢言之，春秋之晚世，已不如春秋之初年，列國疆土日闢，國與國間壤地相接，已不能只以一城建國。墮都即不啻自毀國防，故曰：「墮成，齊人必至於北門。」抑且三家自魯桓公以來，歷世綿長。當懿子時，孟氏一家兄弟和睦，主臣一氣，不如季、叔兩家之散亂，則何爲必效兩家自墮其都。懿子既不欲公開違命，亦兩可於處父之言，乃一任處父自守其都。處父固能臣，而季、叔兩家見成之固守，亦抱兔死狐悲之心，乃作首鼠兩端之計，不復出全力攻之，於是圍成弗克。墮三都之議至是受了大頓挫。

季氏使閔子騫爲費宰。閔子騫曰：「善爲我辭焉。如有復我者，則吾必在汶上矣。」（雍也）

時費宰公山不狃已奔齊，季氏懲於其家臣之凶惡，乃擇孔子弟子中知名者爲之。閔子騫少孔子十五歲，已屆強仕之年，在孔門居德行之科。季氏物色及之，可謂允得其選。然閔子堅決辭謝。今不知此事約在何時，當已在圍成弗克之後。魯國政情又趨複雜，閔子或早知孔子有去位之意，故不願一出也。論語記孔子與人語及其門弟子，或對其門弟子之間答，皆斥其名。雖顏、冉高弟亦曰回曰雍。獨閔子云子騫，終論語一書不見損名，其賢由此可知。惜其詳不傳。

子路使子羔爲費宰。子曰：「賊夫人之子。」子路曰：「有民人焉，有社稷焉，何必讀書，然後爲學？」子曰：「是故惡夫佞者。」（先進）

此事不知在季氏欲使閔子爲費宰之前後，然總是略相同時事，相距必不遠。當時季氏選任一費宰，必招之孔子之門，其尊信孔子可知。子羔少孔子三十歲，與顏子同年。定公十二年，子羔年僅二十四。孔子欲其繼續爲學，不欲其早年出仕，說如此將要害了他。子路雖隨口強辯，然亦終不果使。孔子當時雖爲魯司寇，獻身政治，然羣弟子相隨，依然繼續其二十年來所造成的一個學術團體精神，據此亦可想見。

子華使於齊，冉子爲其母請粟。子曰：「與之釜。」請益，曰：「與之庾。」冉子與之粟五秉。子曰：「赤之適齊也，乘肥馬，衣輕裘。吾聞之也，君子周急不繼富。」原思爲之宰，與之粟九百，辭。子曰：「毋！以與爾鄰里鄉黨乎！」（雍也）

此兩事並不同在一時，乃由弟子合記爲一章。孔子爲魯司寇，其弟子相隨出仕者，自子路外，又見此三人。子華，公西赤字，少孔子三十二歲。若以魯定公十一年計，是年應二十一。冉求少孔子二十九歲，是年應二十四。皆甚年少。子華長於外交禮儀，適以有事，孔子試使之於齊。冉有長理財，孔子使之掌經濟出納。子華之使齊乃暫職。冉有掌經濟，乃近在孔子耳目之前。故二人雖年少，孔子因材試用，以資歷練。子路不悟孔子之意，乃欲使子羔爲費宰。此當獨當一面，故孔子說要害了他。原思少孔子二十六歲，較冉有、子華年長，然亦不到三十歲。孔子使爲家宰。是孔子爲魯司寇已引用了門下許多弟子。子路最年長，薦爲季氏宰。原思、冉有、公西赤諸人則皆在身邊錄用。而如閔子騫、冉伯牛、仲弓、顏淵，皆孔門傑出人物，孔子並不汲汲使用。閔子騫拒爲費宰，孔子亦默許之。孔子蓋欲留此輩作將來之大用。是孔子一面從事政治，一面仍用心留意在教育上。政治責任可以隨時離去，教育事業則終身以之。至於俸祿一節，孔子或與多，或與少，皆有斟酌。其弟子或代友請益，或自我請辭，亦皆不苟。師弟子之間既嚴且和，行政一如講學，講學亦猶行政，亦所謂「吾道一以貫之」矣。

憲問恥。子曰：「邦有道，穀。邦無道，穀，恥也。」（憲問）

憲即原思，以貧見稱，亦能高潔自守。孔子使爲宰，與祿厚，原憲辭，若以爲恥。故孔子告之，邦有道，固當出身任事，食祿非可恥。若邦無道，不能退身引避，仍然任事食祿，始可恥。此見孔門師弟子無一事不是講學論道，而孔子之因人施教亦由此可見。

定公問：「君使臣，臣事君，如之何？」孔子對曰：「君使臣以禮，臣事君以忠。」（八佾）

定公之問，必在孔子爲司寇時。是時三家擅權，政不在公室。君使臣以禮，則對臣當加制裁，始可使臣知有敬畏。臣事君以忠，則當對君有奉獻，自削其私權益。孔子辭若和緩，但魯之君臣俱受責備。孔子之主張墮三都，其措施亦即本此章之意。

定公問：「一言而可以興邦，有諸？」孔子對曰：「言不可以若是其幾也。人之言曰：爲君難，爲臣不易。如知爲君之難也，不幾乎一言而興邦乎？」曰：「一言而喪邦，有諸？」孔子對曰：「言不可以若是其幾也。人之言曰：予無樂乎爲君，唯其言而莫予違也。如其善而莫之違也，不亦善乎？如不善而莫之違也，不幾乎一言而喪邦乎？」（子路）

定公只漫引人言爲問，故孔子亦引人言爲答。觀定公兩問，知其非有精志可成大業之君。當時用孔子者亦爲季氏，非定公。而孔子預聞魯政，乃欲抑私奉公，即不啻欲抑季氏奉定公，則其難亦可知。

第六章　孔子去魯周遊

一　孔子去魯

公伯寮愬子路於季孫，子服景伯以告，曰：「夫子固有惑志於公伯寮，吾力猶能肆諸市朝。」子曰：「道之將行也與，命也。道之將廢也與，命也。公伯寮其如命何？」（憲問）

公伯寮魯人，亦孔子弟子，後人謂其是孔門之蝨膿。子路以墮三都進言於季孫，及孟氏守成弗墮，季、叔兩家漸萌內悔之意，公伯寮遂乘機譖子路，季孫惑其言，則至是而季氏於孔子始生疑怠之心矣。子服景伯乃孟孫之族，出於公憤，欲言於季孫以置公伯寮於罪，而孔子止之。蓋墮三都之主張不能貫徹施行，自定公、季孫以下皆有責，此乃一時之羣業，時運使然。孔子則謂之爲「命」。孔子五十而知天命，非不知魯國當時情勢之不可爲，而終於挺身出仕，又盡力而爲，是亦由於「知天命」。

蓋天命之在當時，有其不可爲；而天命之在吾躬，則有其必當爲。外之當知天命之在斯世，內之當知天命之在吾躬。至於公伯寮之進讒，此僅小小末節，固非孔子所欲計較也。

齊人歸女樂，季桓子受之，三日不朝。孔子行。（微子）

孟子曰：

孔子爲魯司寇，不用。從而祭，燔肉不至。不稅冕而行。不知者以爲爲肉也，其知者以爲爲無禮也。乃孔子則欲以微罪行，不欲爲苟去。君子之所爲，小人固不識也。（告子下）

史記孔子世家：

齊人聞而懼，曰：「孔子爲政必霸，霸則吾地近焉，我之爲先并矣。」犂鉏曰：「請先嘗沮之。」於是選齊國中女子好者八十人，皆衣文衣而舞康樂，文馬三十駟，遺魯君，陳女樂文馬於魯城南高門外。季桓子微服往觀再三。將受。乃語魯君爲周道游。往觀終日，怠於政事。子路曰：「夫子可以行矣。」孔子曰：「魯今且郊，如致膰乎大夫，則吾猶可以止。」桓子卒受齊女樂，三日不聽政，郊又不致膰俎於大夫。孔子遂行。

孔子主隳三都，不啻在魯國政壇上擲下一大炸彈，其爆炸聲遠震四鄰。魯、齊接壤，並在邊界上時起齟齬。魯國政治有大改革，齊國自感不安。饋女樂，固是一項政治陰謀。然季桓子對孔子之不信任，其主要關鍵還是在孟氏之守成弗隳，又經公伯寮之讒譖，季氏不免心生搖惑。受齊女樂，三日不朝，只是其內心衝突與夫政治姿態轉變之表現。此是借因，非主因。齊歸女樂在魯定公十二年之冬，正與魯圍成事先後同時。若季桓子決心不變，則隳成一事尚可繼續努力。正因季桓子自己變心，故再不理會圍成事，而姑借女樂之來作逃避姿態。孔子猶不欲急去，且待春祭，由於不送大夫祭肉，乃始行。此應在定公十三年。孔子自定公九年出仕，至是已四年。其爲大司寇已三年。

【疑辨九】

史記孔子世家又曰：「孔子行，宿乎屯。師己送曰：『夫子則非罪。』孔子曰：『吾歌可夫。』歌曰：『彼婦之口，可以出走，彼婦之謁，可以死敗。蓋優哉游哉，維以卒歲。』師己反，桓子曰：『孔子亦何言？』師己以實告。桓子喟然歎曰：『夫子罪我，以羣婢故也夫。』」史記此節又見家語。孔子之歌，與論語「公伯寮其如命何」之語大不相似。豈公伯寮不如羣婢，天之大命，由羣婢所掌握乎？孔子去魯在外十四年，亦豈「優哉游哉，維以卒歲」之謂乎？尤其於孔子墮三都之主張不得貫徹一大關鍵反忽略了，使人轉移目光到齊人所歸女樂上，大失歷史眞情，不可不辨。孟子曰：「孔子爲魯司寇，不用。」不特指女樂事，始爲得之。

二　孔子適衛

子適衛，冉有僕。子曰：「庶矣哉！」冉有曰：「既庶矣，又何加焉？」曰：「富之。」曰：「既富矣，又何加焉？」曰：「教之。」（子路）

魯、衛接壤，又衛多君子，故孔子去魯卽適衛，此章正爲初入衛時之辭。

子擊磬於衛。有荷蕢而過孔氏之門者，曰：「有心哉，擊磬乎！」既而曰：「鄙哉，硜硜乎。莫己知也，斯己而已矣。深則厲，淺則揭。」子曰：「果哉！末之難矣。」（憲問）

孔子初至衛，當是賃廛而居。閒日擊磬，有一擔草器的隱者過其門外，聽磬聲而知孔子之心事。言人莫己知，斯獨善其己卽可。孔子歎其果於忘世。是孔子初在衞，雖未汲汲求出仕，然亦未嘗忘世可知。又孔子學琴於師襄，師襄又稱「擊磬襄」。孔子擊磬，其亦學之於襄乎？孔子在齊聞韶，三月不知肉味。在衞賃居初定，卽擊磬自遣。此皆在流亡羈旅之中而怡情音樂一如平常，此見孔子之道德人生與藝術人生之融凝。及其老，乃曰：「七十而從心所欲不踰矩。」（爲政）此卽其道德人生與藝術人生融凝合一所到達之最高境界也。

子貢曰：「有美玉於斯，韞匵而藏諸？求善賈而沽諸？」子曰：「沽之哉，沽之哉，我待賈者也。」（子罕）

子貢少孔子三十一歲，尚少顏淵一歲。孔子去魯適衞，子貢年二十四。子貢乃衞人，殆是孔子適衞後始從遊。見孔子若無意於仕進，故有斯問。可證孔子初至衞，未嘗卽獲見於衞靈公。孔子抱道如懷玉，非不欲沽，只待善賈。善賈猶言良賈，能識玉。時人誰能識孔子？孔子亦僅待有意市玉者而已。

三　孔子過匡過蒲

儀封人請見，曰：「君子之至於斯也，吾未嘗不得見也。」從者見之。出曰：「二三子，何患於喪乎？天下之無道也久矣。天將以夫子爲木鐸。」（八佾）

儀，衞邑名，在衞西南境。又衞有夷儀，在衞西北境。「喪」者，失位去國之義，應指孔子失魯司寇去國適衞事。然自魯適衞，應自衞東境入，無緣過衞西南或西北之邑。孔子居衞十月而過蒲過匡，匡、蒲皆在晉、衞邊境，與夷儀爲近。或孔子此行曾路過夷儀，儀封人卽夷儀之封人也。其時既失位於魯，又不安於衞，僕僕道途，故儀封人謂：天將以夫子爲木鐸，使之周流四方，以行其教，如木鐸之徇於路而警衆也。是亦孔子適衞未遽仕之一證。惟其事在過匡過蒲之前或後，則不可詳考。又若認此儀邑在衞西南，則當俟孔子去衞過宋時始過此。是亦時當失位，語氣並無不合。今亦不能詳定，姑附於此。

子畏於匡。曰：「文王既沒，文不在茲乎！天之將喪斯文也，後死者不得與於斯文也。天之未

喪斯文也，匡人其如予何？」（子罕）

子畏於匡，顏淵後。子曰：「吾以女爲死矣。」曰：「子在，回何敢死？」（先進）

史記孔子世家：

孔子適衛，居十月，去衛過匡。陽虎嘗暴匡人，孔子狀類陽虎，拘焉五日。

春秋時，地名匡者非一。衛之匡在陳留長垣縣西南。長垣縣有匡城、蒲鄉，兩地近在一處。左傳定公十四年春，衛侯逐公叔戌與其黨。孔子以十三年春去魯適衛，居十月，正值其時。史記孔子世家又云：

孔子去匡，即過蒲。月餘反乎衛。

又曰：

孔子去陳過蒲，會公叔氏以蒲叛，蒲人止孔子。弟子有公良孺者，以私車五乘從，鬭甚疾。蒲人懼，出孔子東門。孔子遂適衞。

覈其時地，過匡過蒲，乃魯定公十四年春同時之事。「畏」乃私鬭之稱。論語之畏於匡，即是史記之鬭於蒲，只是一事兩傳。若謂孔子貌似陽虎，則一語解釋卽得，何致拘之五日。若果匡人誤以孔子爲陽虎，孔子不加解釋，而遽有「天喪斯文」之歎，情事語氣似乎不類。且顏淵隨孔子同行，拘則俱拘，免則俱免，何以又有獨自一人落後之事？蓋孔子畏於匡，卽是過蒲。適遭公叔戌之叛，欲止孔子，孔子與其門弟子經與蒲人鬭而得離去。顏淵則在鬭亂中失羣在後也。後人因有陽虎侵暴於匡之事，遂謁傳孔子以狀類陽虎被拘，史遷不能辨而兩從之。

【疑辨十】

後人復有疑匡圍乃與孔子往宋遭司馬魋之難爲同一事，無據臆測，今不從。

佛肸召，子欲往。子路曰：「昔者由也聞諸夫子曰：『親於其身爲不善者，君子不入也。』佛肸以中牟畔，子之往也，如之何？」子曰：「然，有是言也。不曰堅乎，磨而不磷。不曰白乎，涅而不緇。吾豈匏瓜也哉？焉能繫而不食！」（陽貨）

左傳定公十三年：

秋七月，范氏、中行氏伐趙氏之宮。冬十一月，荀寅、士吉射奔朝歌。

是年，趙氏與范氏、中行氏啟爭端，至其年冬，而范、中行氏出奔。中牟乃范氏邑，其邑宰佛肸助范、中行氏拒趙氏。所謂「以中牟叛」，或是定公十四年春，范氏已出奔，佛肸欲依賴齊、魯、衞諸國以自全，其迹若爲叛，其心猶近義。其時孔子適去衞，在匡、蒲途中。中牟在彰德湯陰縣西，在晉、衞邊境，與匡、蒲爲近，故佛肸來召孔子。孔子之欲往，正與往年欲赴公山不狃之召同一心情。孔子非欲助佛肸，乃欲藉以助晉，平其亂而張公室，一如其在魯之所欲爲。然亦卒未成行。或疑中牟叛在趙簡子卒後，趙襄子伐之，其時孔子已卒。可見佛肸始終不附趙氏。然不得謂其「以中牟叛」只指此年。亦猶公山不狃之叛，不專指墮三都之年也。今不從。

【疑辨十一】

史記孔子世家：「孔子既不得用於衞，將西見趙簡子。至於河，而聞竇鳴犢、舜華之死也，臨河而歎曰：『美哉水，洋洋乎！丘之不濟此，命也夫。』」孔子欲赴佛肸之召，事見論語，宜可信。至其欲見趙簡子，論語未載。春秋定公八年，趙鞅使涉佗盟衛侯，挼其手及腕。是趙簡子於衛爲讎，孔子何以居衛而突欲往見？且孔子欲赴佛肸之召，則同時決無意復欲去見趙簡子。竇鳴犢、舜華當作鳴犢、竇犨。此兩人絕不聞有才德賢行之稱見於他書。孔子何爲聞其見殺而臨河遽返？疑此事實不可信。只因孔子過匡、蒲，實曾到過晉、衛邊境大河之南岸，又曾偶然動念欲赴佛肸之召，後人遂誤傳爲孔子欲見趙簡子。其事無他可信可據處，今不取。

孔子之適衛，初未汲汲求仕進，又若無久居意，故初則賃廛以居，荷蕢者故曰「過孔氏之門」也。居十月又離去，不知何故，或有意遊晉。然其時晉適亂，趙氏與范氏、中行氏構釁，孔子未渡河而返衛。其間詳情均無可說。

四　孔子反衛出仕

孟子曰：

孔子於衛，主顔讎由。彌子之妻與子路之妻兄弟也，彌子謂子路曰：「孔子主我，衛卿可得也。」子路以告。孔子曰：「有命。」

顔讎由，衛大夫。孔子殆以十月去衛重返，始主其家。又經幾何時而始見衛靈公，今皆不能詳考。

【疑辨十二】

史記孔子世家：「孔子過蒲反衛，主蘧伯玉家。」若其事不可信，則其主顔讎由家又在何時？不可詳考。又謂孔子屢去衛屢返，屢有新主，恐皆不可信。又謂主子路妻兄顔濁鄒家，濁鄒即讎由。謂是子路妻兄，亦恐由彌子爲子路僚壻而誤，不可信。

左傳定公十五年：

春，邾隱公來朝，子貢觀焉。邾子執玉高，其容仰。公受玉卑，其容俯。子貢曰：「以禮觀之，二君皆有死亡焉。君爲主，其先亡乎？」夏五月，公薨。仲尼曰：「賜不幸言而中，是使賜多言者也。」

是年子貢年二十六，應是子貢自往魯觀禮，歸而言之孔子。非可證孔子亦以是年返魯。

孟子曰：

於衛靈公，際可之仕。（萬章下）

史記孔子世家：

衛靈公問孔子，居魯得祿幾何？對曰：「俸粟六萬。」衛人亦致粟六萬。

孔子初至衛，似未即獲見衛靈公。何時始獲見，不可考。既謂之「際可之仕」，當必受職任事。所受何職，今亦不可考。俸粟六萬，後人說爲六萬小斗，當如漢之二千石。孔子在衛，隨行弟子亦多，非受祿養，亦不能作久客。

子見南子，子路不說。夫子矢之曰：「予所否者，天厭之！天厭之！」（雍也）

史記孔子世家：

靈公夫人有南子者，使人謂孔子曰：「四方之君子，不辱，欲與寡君爲兄弟者，必見寡小君。寡小君願見。」孔子辭謝。不得已，見之。夫人在絺帷中。孔子入門，北面稽首。夫人自帷中再拜。環佩玉聲璆然。孔子曰：「吾鄉爲弗見。見之，禮答焉。」子路不說。孔子矢之。

南子宋女，舊通於宋朝，有淫行，而靈公寵之。慕孔子名，強欲見孔子，孔子不得已而見之。南子隔在絺帷中，孔子稽首，南子在帷中答拜。故孔子說：吾本不欲見，但見了，彼亦能以禮相答。此事引起了多方面的懷疑。

王孫賈問曰：「『與其媚於奧，寧媚於竈。』何謂也？」子曰：「不然。獲罪於天，無所禱也。」

（八佾）

子路之不悅於孔子，蓋疑孔子欲因南子以求仕。王孫賈，衛大夫，亦疑之。「奧」者，室中深隱之處，竈則在明處。此謂與其借援於宮闈之中，不如求合於朝廷之上。孔子曾稱許王孫賈能治軍旅，其人應非一小人，乃亦疑孔子欲藉南子求仕進而加規勸。然因南子必欲一見孔子，既仕其國，亦無必不見其君夫人之禮。魯成公九年，享季文子，穆姜出於房再拜。可見君夫人可見外臣，古人本無此禁。陽貨饋孔子豚，孔子亦尚時其亡而往拜；今南子明言求見，孔子亦何辭以拒？然孔子於衛靈公已知無可行事，僅不得已而姑留。今見南子更出不得已，而內則遭子路之不悅，外則有王孫賈之諷諫。孔子之答兩人，若出一辭。蓋此事無可明辨，辨必涉及南子。在其國不非其大夫，更何論於君夫人。故孔子必不明言涉及南子，則惟有指天爲誓。此非孔子之憤，乃屬孔子之婉。其告王孫賈，亦只謂自己平常行事一本天意，更無可禱，則又何所用媚也。

【疑辨十三】

「子見南子」一條，前人辨論紛紜。竊謂如上釋，事無可疑。或又疑孔子見南子應在衛出公時，輾轉曲解，應不如在衛靈公時爲允。史記世家又云：「靈公與夫人同車，宦者雍渠參乘，出，使孔子爲次乘，招搖市過之。孔子曰：『吾未見好德如好色者也。』於是醜之，去衛。」此事則斷不可信。靈公尚知敬孔子，南子亦震於孔子之名而必求一見，豈有屈孔子爲次乘而招搖過市之事。且孔子既以此去衛，豈有復適衛再見靈公之理。「未見好德如好色」一語，亦豈專爲此而發。此皆無他證而斷不可信者。蓋後人因有「子見南子」之事而添造此說，史遷不察，妄加稱引耳。

又子曰：「不有祝鮀之佞，而有宋朝之美，難乎免於今之世矣。」祝鮀與王孫賈同仕衛靈公朝，孔子稱其善治宗廟。竊疑此條應在孔子居衛時，亦有感於見南子之事而發。宋朝卽南子所淫。此條一則謂衛靈公雖內有南子之淫亂，而猶幸外朝多賢。所以特舉祝鮀爲說者，因祝鮀之佞，可以取悅於鬼神。靈公之得免，亦可謂鬼神佑之也。二則孔子在當時既已名震諸侯，意外招來南子之強見，復增多方之疑嫉，求行道固難，求避禍不失身亦復不易，故惟求不獲罪於天以期免於今之世也。孔子平常不喜言佞，而此章特舉祝鮀，又言美色而特舉宋朝，故知必有感而發。今以此章參之，則其答子路、王孫賈兩人之意亦躍然自見。

五　孔子去衛

（衛靈公）

衛靈公問陳於孔子。孔子對曰：「俎豆之事，則嘗聞之矣。軍旅之事，未之學也。」明日遂行。

史記孔子世家：

明日，與孔子語。見蜚雁，仰視之，色不在孔子。孔子行。

孔子以魯定公十三年春去魯適衛，居十月，去衛，過匡過蒲，仍返衛，應在定公之十四年。遂主顏讎由家。讎由雖不列爲七十子之徒，然亦頗問學受業。孔子或由讎由之介而獲見於衛靈公，其事應在魯定公之十五年。左傳：「定公十三年春，衛與齊伐晉。」衛靈公與齊景公同次於垂葭。其時孔子方適衛，兩人尚未相見。定公十四年春，與齊侯、衛侯會於脾、上梁之間，謀救范、中行氏。秋，衛侯爲南子召宋朝，會於洮。太子蒯聵欲殺南子，謀洩奔宋。孔子乃在是後始見衛靈公而仕其朝。南子亟欲見孔子，子路、王孫賈皆不以爲然，亦因孔子見南子適在會洮之後，適在蒯聵出奔之後，而其時孔子於衛靈公亦尚屬初見，故人疑孔子欲藉南子進身。本以上情節推之，則孔子見衛靈公而仕衛，應在魯定公十五年爲適當，最早亦不出定公十四年之冬。其時距孔子自匡、蒲返衛亦不出一年前後也。翌年，魯哀公元年，夏四月，齊侯、衛侯救邯鄲，圍五鹿。秋八月，齊侯、衛侯會於乾侯，救范氏。蓋是時晉定公失政，趙氏爲范氏、中行氏之間連年結釁，兵爭不已。齊景公意欲與晉爭霸，衛靈公自魯定公七年即會齊叛晉，時靈公年未達五十，精力尚旺，連年僕僕在外，至是乃欲伐晉救范氏。國內則寵后弄權，太子出奔。而靈公乃以是時問兵陳之事於孔子。孔子乃曰：「俎豆之事則嘗聞之。」是欲靈公息其向外揚武之念，反就家庭邦國講求禮樂。靈公徒慕孔子名，僅是禮遇有加，及是始正式以政事問。乃一語不合，禮貌驟減。孔子見幾而作，其事應在魯哀公元年之後。則孔子仕衛，最多不到兩年。其前後在衛，亦不出四年之久。孟子曰：「未嘗終三年淹。」則疑乃指其仕衛時期言。

【疑辨十四】

史記孔子世家記孔子在衛靈公時，曾四次去衛，兩次適陳，兩次未出境而反。又謂孔子於適衛後又曾反魯。一若孔子在此四年期間，行踪飄忽，往返不定，而實皆無證可信。茲俱不取。蓋當誤於孟子「未嘗終三年淹」之說，今不一一詳辨。

子言衛靈公之無道也。康子曰：「夫如是，奚而不喪？」孔子曰：「仲叔圉治賓客，祝鮀治宗廟，王孫賈治軍旅。夫如是，奚其喪？」（憲問）

孔子事後尚評衛靈公「無道」。孟子亦曰：「於衛靈公，際可之仕。」則孔子在衛，蓋始終不抱得君行道之想。

子曰：「直哉史魚！邦有道，如矢；邦無道，如矢。君子哉蘧伯玉！邦有道，則仕；邦無道，則可卷而懷之。」（衛靈公）

史魚、蘧伯玉兩人，屢見於晚周諸子之稱引，蓋衛之賢人也。此兩人皆當長孔子三十以上。然孔子至衛，兩人當尚在，故孔子特稱引及之。惟此兩人當不爲靈公所信用，故前引一章，孔子只舉仲叔圉、祝鮀、王孫賈而不及此兩人。史記孔子世家謂孔子曾主蘧伯玉家，不知信否。呂氏春秋召類篇謂：「趙簡子將襲衛，使史默往覿，曰：『蘧伯玉爲相，史鰌佐焉。孔子爲客，子貢使令於君前。』簡子按兵不動。」此則斷不足信。

子曰：「魯、衛之政，兄弟也。」（子路）

子曰：「齊一變至於魯，魯一變至於道。」（雍也）

孔子曾至齊、衛兩國。其至齊，即得景公召見，又以政事相問。不似在衛，越兩年，而始見其君。又歷一年，而問以兵陳之事。齊景公之待孔子，似尚優於衛靈公。但孔子在齊一年即返魯，在衛淹遲達四載。孔子以前，晉韓宣子至魯，曰：「周禮盡在魯矣。」吳季札至衛，曰：「衛多君子。」齊俗急功近利，喜誇詐，多霸政餘習，與魯、衛風俗不同，人物亦殊，故孔子之在齊、衛，其心情當亦不同；此或亦孔子在衛久滯一理由。

六　孔子過宋

史記孔子世家：

孔子去衛過曹，去曹適宋。

子曰：「天生德於予，桓魋其如予何？」（述而）

孟子：

孔子不悅於魯衛，遭宋桓司馬將要而殺之，微服而過宋。（萬章上）

史記孔子世家：

孔子去曹過宋，與弟子習禮大樹下，宋司馬桓魋欲殺孔子，拔其樹。孔子去。弟子曰：「可以速矣。」孔子曰：「天生德於予，桓魋其如予何？」

史記宋世家：

景公二十五年，孔子過宋，宋司馬桓魋惡之，欲殺孔子，孔子微服去。

會合語、孟、史記三書觀之，孔子特過宋境，未入宋之國都。莊子天運篇亦謂孔子伐樹於宋。殆司馬魋惡孔子，聞其習禮大樹下，遂使人拔其樹，示意不欲孔子久淹於宋，其弟子亦欲孔子速離宋境，孔子乃有「桓魋其如予何」之歎。謂司馬魋將要殺孔子，乃甚言之辭。若必欲殺之，則其事甚易。孔子有弟子相隨，雖微服亦未可免桓魋之耳目。謂「微服」者，指對「習禮大樹下」而言。孔子亦自有戒心，不復衣冠習禮道塗間，遂謂之微服也。後人又疑司馬魋派殺之人已至樹下，而孔子猶不速去，則派殺者豈得只拔其樹，不殺其人。亦有誤過宋、過匡爲一事者，更不足信。

史記十二諸侯年表及宋世家同謂孔子過宋在宋景公二十五年，是年爲魯哀公三年。衛靈公卒於魯哀公二年。論語謂靈公問陳，孔子明日遂行，此亦甚言之辭。蓋孔子至是始決心退職，非謂明日卽行離衛國也。卽史記謂明日見飛雁，色不在孔子，孔子行，亦同爲甚言之辭。靈公問陳，其事應在魯哀公元年之秋冬間。翌年，魯哀公二年夏，靈公卒。孔子辭去衛祿，當在靈公卒前。而其事在魯哀公元年冬抑二年春，則難詳說。至於孔子之離去衛國，其在靈公卒前或卒後，亦復無可詳定。今若定孔子以魯哀公二年去衛，三年過宋境適陳，應無大不合。此屬兩千五百年以前之事，古書記載，容多闊略，並有疏失。因見其小漏洞，競致疑辨，認爲必無其事，此既失之。然必刻劃而求，錙銖而較，認爲其必如是而不如彼，此亦過當。論其大體，略其小節，庶乎可耳。

七　孔子至陳

孟子：

孔子微服而過宋。是時，孔子當阨，主司城貞子，爲陳侯周臣。（萬章上）

史記孔子世家：

孔子遂至陳，主於司城貞子家。

司城，宋官名，殆陳亦同有此官。其謚貞子，則賢人也。孔子去衛過宋，一路皆在阸中，陳有賢主人，故遂仕於其朝矣。

左傳哀公三年：

夏五月辛卯，司鐸火，火踰公宫，桓僖災。孔子在陳聞火，曰：「其桓僖乎？」

此或出後人附會。然可證魯哀三年夏，孔子正在陳。

【疑辨十五】

史記孔子世家孔子凡兩至陳。史記陳世家湣公六年孔子適陳，孔子世家在七年。又湣公十三年孔子在陳，此爲魯哀公之六年。今考孔子以魯哀三年過宋至陳，至是仍可在陳，其兩至陳之説則不可信。

在陳絶糧，從者病，莫能興。子路愠見，曰：「君子亦有窮乎？」子曰：「君子固窮，小人窮，斯濫矣。」（衛靈公）

孟子：

君子之厄於陳、蔡之間，無上下之交也。（盡心下）

史記陳世家：

湣公十三年，吳復來伐陳，陳告急楚，楚昭王來救，軍於城父，吳師去。是年，楚昭王卒於城父。時孔子在陳。

孔子在陳絕糧，當即在吳師伐陳之年。孔子以魯哀公三年至陳，至是已魯哀公六年，前後當逾三年。孟子曰「未嘗終三年淹」，則其正式在陳仕朝受祿，殆亦前後不足三年。於其所素抱行道之意，則無可言者。而陳又屢年遭兵。此次吳師來伐，孔子或先已辭位避去。論語云「在陳絕糧」，因其尚在陳境。孟子云「厄於陳、蔡之間」，則因其去陳適楚，在路途中。左傳哀公二年冬十有一月，蔡遷於州來。四年夏，葉公諸梁致蔡於負函。蔡之始封在上蔡，後徙新蔡，皆在今河南境，在陳之南，與陳相近。及其畏楚就吳而遷州來，在今安徽壽縣北，與陳相距數百里。其時晉失諸侯，楚昭王有志中原，故使葉公諸梁招致蔡之故地人民於負函；此亦與上蔡、新蔡爲近，楚使葉公兼治之。孔子之去陳適蔡，乃就見葉公，與蔡國無涉。其途間絕糧，則是已去陳國，而未達楚境，故曰「無上下之交」也。

【疑辨十六】

史記孔子世家：「孔子遷於蔡三歲，吳伐陳，楚救陳，軍於城父。聞孔子在陳、蔡之間，楚使人聘孔子，孔子將往拜禮。陳、蔡大夫謀曰：『孔子用於楚，則陳、蔡用事大夫危矣。』於是乃相與發徒役，圍孔子於野。不得行，絕糧。」今按：蔡尚在陳之南，孔子先是未嘗至蔡，此謂孔子遷於蔡三歲，或是蔡遷於州來三歲之誤。蔡昭侯遷州來在魯哀二年，吳伐陳在魯哀六年，中間適越三歲。其時蔡事吳，陳事楚，相與爲敵。蔡遷州來，與陳已遠，烏得有陳、蔡大夫合謀圍孔子之事？前人辨此者已多，惟謂絕糧在吳伐陳、楚救陳之歲則是。

【疑辨十七】

孔子世家又曰：「於是使子貢至楚，楚昭王興師迎孔子，然後得免。昭王將以書社地七百里封孔子，令尹子西曰：『孔丘得據土壤，賢弟子爲佐，非楚之福。』昭王乃止。」孔子絕糧非受兵圍，已辨如前。楚昭王近在陳之城父，果迎孔子，信宿可以相見，孔子又何爲使子貢至楚？魯哀之六年，楚昭王在城父，救陳戰吳，卒於軍中，其事詳載於左傳；其時決不似有議封孔子之事。且議封，僅當計社數，不當云社地幾百里。若計地，亦斷無驟封以七百里之巨。惟謂孔子當時有意至楚則是。

八　孔子至蔡

齊景公卒。明年，孔子自蔡如葉。

史記孔子世家：

齊景公卒歲爲魯哀公之五年。明年，即魯哀公六年，孔子自陳至蔡。此乃舊時蔡國故地，乃負函之蔡，今屬楚，楚臣葉公諸梁居之。此年孔子至負函見葉公。

葉公問政。子曰：「近者說，遠者來。」（子路）

孔子至齊，齊景公問以政。其來蔡，蔡公問以政。在衞，不見有衞靈公問政之記載，惟問以兵陳之事，而孔子遂行。在陳亦有三年之久，並仕爲臣，亦不見陳侯有所問。初與葉公相見，葉公卽虛衷問政，此見葉公誠楚之賢臣。據左傳：楚遷許於葉。又遷城父，遷析，而葉遂爲楚方域外重地。魯哀公二年，蔡避楚遷州來。六年，楚遂招致蔡之遺民未遷者爲置新邑於負函，葉公諸梁主其事而兼治之。孔子見葉公，告以爲政必近悅而遠來。蓋其時楚方務遠略，而葉公負其北門面向諸夏之重任。如許如蔡，皆諸夏遺民，今皆歸葉公所治，故孔子告以當先務求此輩近民之悅也。

> 葉公語孔子曰：「吾黨有直躬者，其父攘羊，而子證之。」孔子曰：「吾黨之直者異於是。父爲子隱，子爲父隱，直在其中矣。」（子路）

當孔子之世，齊、晉霸業已衰，楚與中原諸夏往復頻繁，已與昔之以蠻夷自處者遠別。然當時南北文化歧見，尚有芥蒂。葉公之意，殆自負以爲南方風氣人物並不下於北方，故特有此問。亦見葉公心胸實自在衞靈公、陳湣公等諸人之上。而孔子之答，則大道與俗見之相判自顯。此乃一時率爾觸發，然遂永爲千古大訓。可見凡孔子行迹所至，偶所親卽，其光風之所薰灼，精神之所影響，實有其永不昧滅者。天將以夫子爲木鐸，凡孔子行迹所至，實已是孔子之行道所至矣。

葉公問孔子於子路，子路不對。子曰：「女奚不曰：其爲人也，發憤忘食，樂以忘憂，不知老之將至云爾。」（述而）

此章不審與「葉公問政」章之先後。推測言之，孔子至蔡，葉公必敬禮相迎，其問政當在前。葉公之於孔子，既知慕重，但不能眞識孔子之爲人，故又私問於子路。然大聖人學養所至，有非他人之言辭所能形容者。且孔子遠來楚邦，雙方情意未洽，子路驟不得葉公問意所在，故遂避之不答。及其告孔子，孔子則謂當僅告以一己平日之爲人。而孔子之自道其爲人，則切實平近之至，實只告之以一己之性情而止。魯哀公六年，孔子已年六十有三，而僅曰「老之將至」，又曰「不知老之將至」，則孔子當時殆可謂實無絲毫老意入其心中。而此數年來，去衛過宋，去陳來蔡，所如不合，饑困頻仍。若以言憂，憂亦可知。乃孔子胸中常若有一腔樂氣盤旋，不覺有所謂憂者。其曰「發憤忘食，樂以忘憂」，實已道出了其畢生志學好學，遑遑汲汲，志道樂道，矻矻孳孳，一番誠摯追求永無懈怠之心情。其生命，其年歲，其人，卽全在其志學好學、志道樂道之無盡嚮往無盡追求中。其所憤，所樂，亦全在此。此以外則全可忘。人不可一日不食，在孔子心中，亦何嘗一日忘憂。然所憂卽在此學此道，卽在此憤此樂之中。故孔子畢生，乃若常爲一忘食忘憂之人，其實則只是一志學志道、好學樂道之人而已。孔子曰：「人不知而不慍，不亦君子乎？」孔子平日此一番學養，此一番志好，此一番心胸，此一番追求，卽孔子生命精神之所在。但此實亦無人能知，孔子亦偶自作此吐露。其「發憤忘食，樂以忘憂」之八字，卽在孩提之童，初學之年，皆可有之，惟孔子則畢生如是而已。

楚狂接輿，歌而過孔子，曰：「鳳兮鳳兮！何德之衰？往者不可諫，來者猶可追。已而已而！今之從政者殆而！」孔子下，欲與之言。趨而辟之，不得與之言。（微子）

接輿之名，屢見於先秦諸子之稱述。范睢、鄒陽皆以與箕子並稱，皆謂其人佯狂避世。今疑接輿或是故蔡遺民，淪落故地，遂爲楚人。韓詩外傳：「楚狂接輿躬耕以食，楚王使使者齎金百鎰，願請治河南。接輿不應，與妻偕隱，莫知所之。」則葉公致蔡於負函，接輿或在其內。楚王欲用接輿，其曰「願請治河南」，固屬傳說，然亦透露了楚王之意在懷柔當時故蔡之遺民。而接輿之歌而過孔子，正不喜孔子以中原諸夏有名大人前來楚邦。若果從仕於楚，將更是一危殆之道。其歌意當在此。今不知孔子當時所抱見解如何，其所欲與接輿言而不獲者係何等言？要之接輿當抱有亡國之痛，其於楚人之統治，必有「非吾族類」之感，不得僅以與後世如莊老之徒之隱遯不仕同視。

長沮、桀溺耦而耕。孔子過之，使子路問津焉。長沮曰：「夫執輿者爲誰？」子路曰：「爲孔丘。」曰：「是魯孔丘與？」曰：「是也。」曰：「是知津矣。」問於桀溺，桀溺曰：「子爲誰？」曰：「爲仲由。」曰：「是魯孔丘之徒與？」對曰：「然。」曰：「滔滔者，天下皆是也，而誰以易之？且而，與其從辟人之士也，豈若從辟世之士哉！」耰而不輟。子路行以告。夫子憮然曰：「鳥獸不可與同羣，吾非斯人之徒與而誰與？天下有道，丘不與易也。」（微子）

此事當與前事同在孔子自陳適蔡之道途中。長沮、桀溺，疑亦蔡之遺民。苟不從仕，則惟有務耕爲活。然乃遠知魯國孔丘與其徒仲由。固屬當時孔子與其門弟子之聲名洋溢，無遠弗屆。然此兩人亦非尋常耕農可知。而其意態消沉，乃若於世事前途了不關懷，實亦有感於其當身之經歷。宗邦播遷，鄉井非昔，統治者亦復非我族類。其不能復有鼓舞歆動之心情，宜亦無怪。孔子意，處此無道之世，正更感必有以易之，則惟求與斯人爲徒以共昌此人道；固非絕羣逃世之所能爲力。然孔子此等意見，亦無法與如長沮、桀溺之決意避世者深論，故亦只有悵然憮然而已也。

子路從而後，遇丈人，以杖荷蓧。子路問曰：「子見夫子乎？」丈人曰：「四體不勤，五穀不分，孰爲夫子？」植其杖而芸。子路拱而立。止子路宿，殺鷄爲黍而食之，見其二子焉。明日，子路行，以告。子曰：「隱者也。」使子路反見之，至則行矣。子路曰：「不仕無義。長幼之節，不可廢也。君臣之義，如之何其廢之？欲潔其身而亂大倫。君子之仕也，行其義也。道之不行，已知之矣。」（微子）

此丈人亦當在遇見接輿與長沮、桀溺之一路上所値。孔子行迹遍天下，乃在此一路上獨多遇異人。正因蔡乃諸夏舊邦，雖國勢不振，猶有耆獻。平日或爲士，或爲吏。一旦其國遠徙，其不克隨行者遂淪落爲異國之編氓，賴耕農以自活。孔子抱明道行道之心，曾一度至齊，不得意而歸。又以不得意而去魯至衛，復以不得意而去。亦曾一度欲去之晉而未果，道困於宋。其在陳，雖仕如隱。今之來楚，宜無可以久留之理。其平日，尊管仲以仁，嘗曰：「桓公九合諸侯，不以兵車，管仲之力。」（憲問）又曰：「管仲相桓公，霸諸侯，一匡天下，民到於今受其賜。微管仲，吾其被髮左衽矣。」（憲問）夷、夏之防，春秋所重。然當孔子世而竟無可作爲。其告葉公，亦止曰：「近者悅，遠者來。」其去此下孟子告齊宣王，曰：「以齊王，猶反手。」豈非無大相異。果使能近悅遠來，豈不葉公即可以楚王。然孔子之命子路告丈人亦曰：「道之不行，已知之矣。」是孔子在當時已明知道之不能行，而猶曰：「君子之仕，以行其義。」蓋道不能行，而仍當行道，此即君子之義也。君子知道明道，乃君子之天職；若使君子而不仕，則道無可行之望。

人之爲羣，不可無家庭父子，亦不可無邦國君臣。果使無父子，無君臣，則人羣之道大亂。君子不願於其自身亂大羣之道，故曰「君子之仕，以行其義」。不能使君子不義而仕，然君子亦必不認仕爲不義。今丈人只認勤四體、分五穀爲人生正道，尚知當有父子，而不知同時仍當有君臣。此丈人或亦抱亡國之痛，有難言之隱，故孔子謂之曰隱者。孔子嘗欲居九夷，又曰「乘桴浮於海」，是孔子非不同情隱者。然世事終須有人擔當，不得人人皆隱。

接輿、長沮、桀溺三人，皆直斥孔子，驟難與之深言。惟此丈人並不對子路有所明言深斥。孔子欲爲丈人進一義解，故又使子路再往。亦非欲指言丈人之非，特欲廣丈人之意，使知處人世有道，有不盡於如丈人之所存想者。而不期丈人已先去滅迹。在此，丈人自盡己意即止，不願與孔門師徒再多往復。其意態之堅決，亦復如接輿之趨避。然而就此四人之行迹言，則此丈人若尤見爲高卓矣。

九 孔子自蔡反陳

子在陳，曰：「歸與！歸與！吾黨之小子狂簡，斐然成章，不知所以裁之。」（公冶長）

此章必是孔子自楚歸陳後語。孔子之至陳，本爲在衛無可居而來。在陳又無可居，乃轉而至楚。在孔子當時，本無在楚行道之意嚮。特以去陳避難，楚爲相近，故往遊一觀，而困餓於陳、蔡之間。又在途中屢遭接輿、長沮、桀溺以及荷蓧丈人之諷勸譏阻。孔子之無意久滯楚境亦可想見。乃再至陳，亦是歸途所經，非有意再於陳久滯。「歸歟」之歎，乃孔子一路存想，非偶爾發之亦可知。

孟子：

萬章問曰：「孔子在陳，曰：『盍歸乎來！吾黨之小子狂簡，進取不忘其初。』孔子在陳，何思魯之狂士？」孟子曰：「孔子不得中道而與之，必也狂狷乎！狂者進取，狷者有所不爲也。孔子豈不欲中道哉？不可必得，故思其次也。」（盡心下）

「狂簡」者，謂其有進取之大志而略於事。因其志意高遠，故於日常當身之事爲行動，不免心有所略。質美而學不至，則恐其過中失正，終不能達其志意之所望。故孔子欲歸而裁之。如有美錦，當求能裁製以爲衣。若不知裁，則無以適用。孔子有志用世，既歎道不能行，乃欲一意還就教育事業上造就人才，以備繼我而起，見用於後世。此亦其明道行道之一端。孔子在未出仕前，早多門人從學。其去魯周遊，門人多留於魯，未能隨行，故孔子思之。孟子所言之「狂狷」，與論語本章言「狂簡」，意有微別，當分而觀之。但合以求之，則其義可通。

一〇　孔子自陳反衛

史記孔子世家：

孔子自楚反乎衛。是歲也，孔子年六十三，而魯哀公六年也。

是年，乃孔子自陳適楚之年，亦即楚昭王之卒歲，亦即孔子自楚反陳之年。孔子適楚，留滯不久，僅數月之間。由楚反，乃直接適衛，在陳特路過，更非有留滯之意。故自陳適楚至自楚反衛，始終只在一年中。

孟子：

於衛孝公，公養之仕也。（萬章下）

孔子反衛，當出公輒四年。魯哀公二年，衛靈公卒，衛人立輒。其後輒逃亡在外，故稱出公。故出公非其謚，或即謚孝公也。孔子之反衛，出公尚年少，計不過十四五歲，未能與孔子周旋，故論語不見出公問答語。則孟子所謂「公養之仕」，特是衛政府致饔餼養孔子。孔子與其羣弟子餓於陳、蔡之間，又適楚反陳而來衛，行李之困甚久，故亦受衛之祿養而不辭，殆非立其朝與聞其政始謂之仕也。

【疑辨十八】

或疑孟子「於衛孝公，公養之仕」，衛孝公乃陳湣公之誤。今按：孔子仕陳，未見有所作爲，亦可謂僅屬「公養之仕」矣。然謂衛孝公乃陳湣公之誤，則殊無證據。必謂字誤，焉知「孝」字非「出」字之誤乎？兼若謂孔子在出公時未仕衛，則子貢、子路兩問皆似無端不近情理。則陳湣字誤之疑，大可不必。

冉有曰：「夫子爲衛君乎？」子貢曰：「諾，吾將問之。」入，曰：「伯夷叔齊何人也？」曰：「古之賢人也。」曰：「怨乎？」曰：「求仁而得仁，又何怨？」出，曰：「夫子不爲也。」（述而）

衛靈公時，太子蒯聵欲謀殺南子，被逐出奔。靈公與晉趙鞅有夙仇，叛晉暱齊。及魯哀公二年四月，靈公卒，趙鞅即納蒯聵入戚，其意實欲藉此亂衛逞宿忿。衛人拒蒯聵而立輒，輒即蒯聵之子。衛人之意，非拒蒯聵，乃以拒晉。靈公生前自言「予無子」，是已不認蒯聵爲子。無適子，立適孫，於禮於法亦無悖。蒯聵亦知其父與晉趙鞅有夙仇，且其父卒，南子尚在。今賴晉力以入，既背其父生前仇晉之素志，亦增南子不悅蒯聵而逐之之積恨。若果背其死父而殺其名義之母，將益堅國人之公憤。且衛人所立卽其子，蒯聵又無內援，故其心亦非必欲強入。遂成子為君，父居外，內外對峙，至達十七年之久。孔子重反衛，已在衛出公四年，父子內外對峙之形勢早已形成。孔子與衛廷諸臣多舊識，今既受衛之公養，其對衛國當前此一種父子內外對峙之局面究抱何等態度，此為其隨行弟子所急欲明曉者。子貢長於言語，其見孔子，不直問衛輒之拒父，乃婉轉而問夷齊之讓國。伯夷決不肯違父遺命而立為君，叔齊亦不肯跨越其兄而自為君，於是相與棄國而逃。在夷齊當時，特各求其心之所安而已。去之則心安，故曰：「求仁而得仁，又何怨？」今衛出公乃以子拒父，其心當自有不安。苟其心有不安，可不問其他，徑求如夷齊之自求心安乃為賢。昔孔子在魯，曰：「季氏八佾舞於庭，是可忍，孰不可忍。」今在衛，乃稱伯夷叔齊之遜國為賢。可知孔子意，對外面現實政治上之種種糾紛皆可置為後圖，不急考慮，首先當自求己心所安。如夷齊，則心安。如衛輒，則其心終自不可安。己則居內為君，父則拒外為寇，若如此而其心無不安，則尚何世道可言？子貢亦非不知當時衛國現實政治上種種複雜形勢，乃皆撇去不問，獨選一歷史故事以伯夷叔齊為問；而孔子對於當前現實政治上之態度，亦卽不問可知。則子貢之賢，亦誠值讚賞矣。

子路曰：「衛君待子而爲政，子將奚先？」子曰：「必也正名乎？」子路曰：「有是哉！子之迂也。奚其正？」子曰：「野哉！由也。君子於其所不知，蓋闕如也。名不正則言不順，言不順則事不成，事不成則禮樂不興，禮樂不興則刑罰不中，刑罰不中則民無所措手足。故君子名之必可言也，言之必可行也。君子於其言，無所苟而已矣。」（子路）

子路此問，疑應在子貢之問之後。孔子既再仕於衛，子路乃問：衛君苟待子爲政，子將何先？子貢只問孔子是否贊成出公之爲君，而又婉轉問之。今子路則直率以現實政事問，謂子若爲政，將何先？而孔子亦直率以現實政事對，曰：當先正名。「正名」即是正父子之名，不當以子拒父。然出公居君位已有年，衛之羣臣皆欲如此，形勢已定。蒯聵先不知善諫其父，而遽欲殺南子，已負不孝之名。其反而據戚，又藉其父宿仇趙鞅之力，故更爲衛之羣臣所不滿。今孔子乃欲正輒與蒯聵間父子之名，此誠是當時一大難題，故子路又有「奚其正」之問。此下孔子所答，只就人心大義原理原則言。孔子意，惟當把握人心大義原理原則所在來領導現實，不當遷就現實，違反人心大義原理原則而棄之於不顧。孔子在魯主張墮三都，即是如此。

但就現實言，孔子在當時究當如何來實施其正名之主張，遂引起後儒紛紛討論。或謂出公當遜位迎父，告於先君，妥置南子，使天理人情兩俱不失其正。若蒯聵亦能悔悟，不欺其已死之父以爭國，不自立爲君，而命其子仍居君位，此是一最佳結束。若使蒯聵返而自立，在出公亦已如夷齊之求仁得仁，又何怨。此是一說。或又謂蒯聵父在而欲弒其母，一不孝。父卒不奔喪，二不孝。又率仇敵以侵宗邦，三不孝。衛輒即欲迎其父，衛之臣民必不願。故子路亦以孔子言爲迂。

然越後至於衛出公之十二年，蒯聵終入衛，而輒出亡於魯。其年孔子尚在，兩年後始卒。孔子固先已明言之：「名不正則言不順，言不順則事不成。」言不順者，不順於人心，即無當於大義，則其事終不克圓滿遂成。衛輒固不知尊用孔子，待以爲政；而子路亦未深明孔子當時之言，此後乃仕爲孔悝之家邑宰。孔悝即是擁輒拒蒯聵者。蒯聵之入，子路死之。後之儒者不明孔子之意，即如公羊、穀梁兩傳亦皆以衛拒蒯聵爲是。然衛人可以拒蒯聵，衛出公則不當拒蒯聵。惟孟子有「瞽瞍殺人，舜竊之而逃，視天下猶棄敝屣」之說，乃爲深得孔子之旨。或又謂衛人立輒，可緩蒯聵必欲入衛之想，而使其不受趙鞅之愚。又謂拒蒯聵者非輒，乃衛之羣臣。蒯聵入，居於戚十餘年，乃由輒以國養。種種推測，皆可謂乃闡說了子路之意，爲出公開脫，而並不在發揮孔子之主張。

或又謂蒯聵與輒皆無父之人，不可有國。孔子爲政，當告諸天子，請於方伯，命公子郢而立之。公子郢，其人賢且智，衛人本欲立之，而堅拒不受。今謂出公尊用孔子，使之當政，而孔子乃主廢輒立郢，則又何以正孔子與輒君臣之名？且顯非論語本章所言「正名」之本意。

蓋孔子只從原理原則言，再由原理原則來指導現實，解決現實上之諸問題。後人說論語此章，則已先在心中橫梗着現實諸問題而多生計較考慮，原理原則不免已擱置一旁，又添出了許多旁義曲解，故於孔子本意終有不合。

或又謂衛輒拒父，孔子不應仕而受其祿。則不知孔子在當時僅是一士階層中人，若非出仕，何以自活？爲士者亦自有其一套辭受出處進退之大義，此層待孟子作詳盡之闡發。惟孔子反衛，在衛出公四年，即魯哀公六年。其去衛反魯，在衛出公九年，即魯哀公十一年，前後當四五年之久。而孟子曰：「未嘗終三年淹。」若專指其仕於朝而言，則孔子在衛受衛出公之祿養亦豈不足三年乎？抑孔子於衛出公，僅爲「公養之仕」，又與正式立於其朝者有別乎？今亦無可詳説。然古今考孔子歷年行迹，爲孟子此言所誤者多矣，故特著於此，以誌所疑。

一一　孔子自衛反魯

左傳哀公七年：

公會吴於鄫，太宰嚭召季康子，康子使子貢辭。

又哀公十一年：

公會吴子伐齊，將戰，吴子呼叔孫，叔孫未能對，衛賜進曰云云。

在魯哀公七年至十一年之四年間，子貢似已仕魯，常往還於魯、衛間。

又哀公十一年春：

齊伐魯，季孫謂其宰冉求曰云云。

是魯哀公十一年，冉求亦已反魯爲季氏宰。

子路宿於石門，晨門曰：「奚自？」子路曰：「自孔氏。」曰：「是知其不可而爲之者與？」（憲問）

此章不知何時事。疑孔子在衛，子路殆亦往還魯、衛間。孔子之告荷蓧丈人曰：「道之不行，已知之矣。君子之仕，行其義也。」天下事不可爲，而在君子之義則不可不爲。已知道不行，而君子仍當以行道爲天職。此晨門可謂識透孔子心事。

【疑辨十九】

史記孔子世家：「季桓子病，輦而見魯城，喟然歎曰：『昔此國幾興矣，以吾獲罪於孔子，故不興也。』顧謂其嗣康子曰：『我卽死，若必相魯，相魯，必召仲尼。』後數日，桓子卒，康子代立。已葬，欲召仲尼。公之魚曰：『昔吾先君用之不終，終爲諸侯笑。今又用之不能終，是再爲諸侯笑。』康子曰：『則誰召而可？』曰：『必召冉求。』於是使使召冉求。冉求將行，孔子曰：『魯人召求，非小用之，將大用之也。』是日，孔子曰：歸乎歸乎！」今按：季桓子卒在魯哀公三年，孔子在陳歎「歸歟」尚在後。其自陳反衛，冉有、子貢有「夫子爲衛君乎」之疑，是其時冉求亦隨侍在衛。惟當時諸弟子既知孔子不爲衛君，自無久滯於衛之理。乃先往還魯、衛間。子貢仕魯應最在前，冉有或稍在後。季康子既非於桓子卒後卽召孔子，亦非於孔子弟子中獨召冉子而大用之。史記言不可信。

左傳哀公十一年：

孔文子之將攻太叔也，訪於仲尼。仲尼曰：「胡簋之事，則嘗學之矣。甲兵之事，未之聞也。」

退，命駕而行，曰：「鳥則擇木，木豈能擇鳥。」文子遽止之，曰：「圉豈敢度其私，訪衛國之難也。」將止，魯人以幣召之，乃歸。

是孔子歸魯在魯哀公之十一年。孔子稱孔圉能治賓客，左傳載孔圉使太叔疾出其妻，而妻之以己女。疾通於初妻之娣，圉怒，遂將攻太叔。太叔出奔，孔圉又使太叔之弟妻其女。

子貢問曰：「孔文子何以謂之文也？」子曰：「敏而好學，不恥下問，是以謂之文也。」（公冶長）

是子貢亦鄙孔圉爲人而問之，惟孔子不沒其善，言若此亦足以爲「文」矣。「胡簋之事」四句，同於孔子之答衛靈公。或孔子未必同以此語答孔圉，而記者誤以答靈公語移此。孔子本無意久滯於衛，既不爲孔圉留，亦不爲孔圉去。魯人來召，孔子即行。亦不得據鳥擇木之喻，謂孔子在衛乃依孔圉。又孔子已命駕，乃又以孔圉止之而將止，似皆不可信。左傳此條補插於「魯人召之乃歸」之前。其先已記文子欲攻太叔，仲尼止之，可知此條係隨後羼入。後人轉以左傳此條疑論語「衛靈公問陳」章，大可不必。

史記孔子世家：

季康子使公華、公賓、公林以幣迎孔子，孔子歸魯。孔子之去魯，凡十四歲而反乎魯。

【疑辨二十】

孔子世家又曰：「冉有爲季氏將師與齊戰於郎，克之。季康子曰：『子之於軍旅，學之乎，性之乎？』冉有曰：『學之於孔子。』季康子曰：『孔子何如人哉？』對曰云云。康子曰：『我欲召之可乎？』對曰：『欲召之，則毋以小人固之，則可矣。』」此條與前康子欲召孔子而先召冉有條語相衝突，冉有語孔子云云尤淺陋。左傳言「師及齊師戰於郊」，此文誤作「郎」。蓋魯季氏本重孔子而用孔子之弟子，子貢、冉有皆是。及用孔子弟子有功，乃決心召孔子。此乃當於大體情實。

第七章　孔子晚年居魯

一　有關預聞政事部分

左傳哀公十一年：

季孫欲用田賦，使冉有訪諸仲尼。仲尼曰：「丘不識也。」三發，卒曰：「子爲國老，待子而行，若之何子之不言也？」仲尼不對，而私於冉有曰：「君子之行也，度於禮。施取其厚，事舉其中，斂從其薄，如是則以丘亦足矣。若不度於禮，而貪冒無厭，則雖以田賦，將又不足。且子季孫若欲行而法，則有周公之典在。若欲苟而行之，又何訪焉！」弗聽。

十有二年春王正月，用田賦。

魯人尊孔子以國老，初反國門，即以行政大事相詢。然尊道敬賢之心，終不敵其權衡利害之私。季孫之於孔子，亦終是虛與委蛇而已。魯成公元年，備齊難，作丘甲，十六井出戎馬一匹，牛三頭。此時魯數與齊戰，故欲於丘賦外別計其田增賦。

季氏將伐顓臾。冉有、季路見於孔子，曰：「季氏將有事於顓臾。」孔子曰：「求！無乃爾是過與？夫顓臾，昔者先王以爲東蒙主，且在邦域之中矣，是社稷之臣也，何以伐爲？」冉有曰：「夫子欲之，吾二臣者皆不欲也。」孔子曰：「求！周任有言曰：『陳力就列，不能者止。』危而不持，顛而不扶，則將焉用彼相矣？且爾言過矣！虎兕出於柙，龜玉毀於櫝中，是誰之過與？」冉有曰：「今夫顓臾，固而近於費，今不取，後世必爲子孫憂。」孔子曰：「求！君子疾夫舍曰欲之而必爲之辭。丘也聞有國有家者，不患寡而患不均，不患貧而患不安。蓋均無貧，和無寡，安無傾。夫如是，故遠人不服，則修文德以來之。既來之，則安之。今由與求也，相夫子，遠人不服而不能來也，邦分崩離析而不能守也。而謀動干戈於邦內。吾恐季孫之憂，不在顓臾，而在蕭牆之內也。」（季氏）

此事不知在何年。左傳哀公十四年：

> 小邾射以句繹來奔，曰：「使季路要我，吾無盟矣。」使子路，子路辭。季康子使冉有謂之曰：「千乘之國，不信其盟而信子之言，子何辱焉？」對曰：「魯有事於小邾，不敢問故，死其城下，可也。彼不臣而濟其言，是義之也。由弗能。」

此證是年子路尚仕魯。蓋冉有先孔子歸，仕季氏。訪田賦時，子路尚未仕。子路隨孔子歸後始仕季氏，其職位用事當在冉有下，故書冉有在子路之上也。春秋與左氏傳皆不見季孫伐顓臾事，殆以聞孔子言而止。

> 季康子問：「仲由可使從政也與？」子曰：「由也果，於從政乎何有？」曰：「賜也可使從政也與？」曰：「賜也達，於從政乎何有？」曰：「求也可使從政也與？」曰：「求也藝，於從政乎何有？」（雍也）

子貢、冉有早仕於魯，子路之仕稍在後。季康子賢此三人而問之，但亦終未能升此三人於朝，使爲大夫而從政。

> 季子然問：「仲由、冉求可謂大臣與？」子曰：「吾以子爲異之問，曾由與求之問！所謂大臣

者，以道事君，不可則止。今由與求也，可謂具臣矣。」曰：「然則從之者與？」子曰：「弑父與君，亦不從也。」（先進）

子然，季氏子弟，以其家得臣子路、冉有二人，驕矜而問，故孔子折抑之。

季氏旅於泰山。子謂冉有曰：「女弗能救與？」對曰：「不能。」子曰：「嗚呼！曾謂泰山不如林放乎？」（八佾）

此季氏即康子。古禮，惟諸侯始得祭其境內之名山大川。季氏旅泰山，是其僭。冉有不能止，孔子非之。

冉子退朝，子曰：「何晏也？」對曰：「有政。」子曰：「其事也！如有政，雖不吾以，吾其與聞之。」（子路）

其時，魯雖不用孔子，猶以大夫待之。故孔子亦自謂「以吾從大夫之後」也。冉子仕於季氏，每退朝，仍亦以弟子禮來孔子家，故孔子問以今日退朝何晏。又謂若有國家公事，我必與聞之也。

季氏富於周公，而求也爲之聚斂而附益之。子曰：「非吾徒也，小子鳴鼓而攻之可也。」（先進）

孟子：

冉求爲季氏宰，無能改於其德，而賦粟倍他日。孔子曰：「求非我徒也，小子鳴鼓而攻之可也。」（離婁上）

孔子之歸老於魯，後輩弟子從學者愈衆，如子游、子夏、有子、曾子、子張、樊遲等皆是。孔子謂「小子鳴鼓攻之」，當指此輩言。魯政專於季氏，冉有見用，竟不能有所糾正，故孔子深非之也。

冉求曰：「非不說子之道，力不足也。」子曰：「力不足者，中道而廢，今女畫。」（雍也）

冉有在孔門，與季路同列爲政事之選。孔子告季康子：「由也果，求也藝，於從政乎何有？」（雍也）孔子又曰：「求也退，故進之。由也兼人，故退之。」（先進）是在孔門，冉有常得與子路並稱。今季氏既重用冉子，孔子極望冉子能挽季氏於大道，而冉子自諉力不足。然果能說孔子之道，不能改季氏之德，則惟有勌然去之。今既不能勌然去，而又盡其力以助之。此孔子所以稱其「畫」，又稱其「退」也。見道在前，畫然自止，逡巡而退，非無其力，乃無一番堅剛進取之志氣耳。冉有既不符孔子所望，於是孔子晚年之在魯，在政事上所有之抱負遂亦無可舒展。

哀公問曰：「何爲則民服？」孔子對曰：「舉直錯諸枉，則民服。舉枉錯諸直，則民不服。」（爲政）

中庸：

哀公問政，子曰：「文、武之政，布在方策。其人存，則其政舉。其人亡，則其政息。」

其時，世卿持祿，多不稱職。賢者隱處，不在上位。若能舉直者錯之於枉者之上，則民自服。其告樊遲亦曰：「舉直錯諸枉，能使枉者直。」（顏淵）旋乾轉坤，實只在一舉錯之間。「人存政舉，人亡政息」，亦此意。總之是「人能弘道，非道弘人」也。

季康子問政於孔子。孔子對曰：「政者正也。子帥以正，孰敢不正？」（顏淵）

季康子患盜，問於孔子。孔子對曰：「苟子之不欲，雖賞之不竊。」（顏淵）

季康子問政於孔子，曰：「如殺無道以就有道，何如？」孔子對曰：「子爲政，焉用殺？子欲善而民善矣。君子之德風，小人之德草。草上之風必偃。」（顏淵）

季康子問：「使民敬忠以勸，如之何？」子曰：「臨之以莊，則敬。孝慈，則忠。舉善而教不能，則勸。」（爲政）

孔子設教，不僅注意個人修行，其對家庭社會國家種種法則制度秩序，所以使人羣相處相安之道，莫不注意。自孔子之教言，羣、己卽在一道中。爲人之道卽是爲政之道，行己之道卽是處羣之道。不僅是雙方兼顧，實則是二者合一。就政治言，治人者與治於人者同是一人，惟職責應在治人者，不在治於人者。其位愈高，其權愈大，則其職責亦愈重。故治人者貴能自反自省，自求之己。孔子答季康子問政諸條，語若平直，而寓義深遠。若不明斯義，不能修己，徒求治人，不知立德，徒求使民；人道不彰，將使政事惟在於爭權位，逞術數，恣意氣。覆轍相尋，而斯民日苦。惜乎季康子不足以語此。然既有所問，孔子不能默爾不答。凡孔子所答，則皆屬人生第一義。其答楚葉公，其答魯季康子，一則非諸夏，一則乃權臣，然果能如孔子語，亦可使一世同進於安樂康泰之境。此則聖人之道之所以爲大也。

陳成子弒簡公，孔子沐浴而朝，告於哀公，曰：「陳恆弒其君，請討之。」公曰：「告夫三子。」孔子曰：「以吾從大夫之後，不敢不告也，君曰告夫三子者。」之三子告，不可。孔子曰：「以吾從大夫之後，不敢不告也。」（憲問）

左傳哀公十四年：

齊陳恆弒其君壬於舒州，孔丘三日齋而請伐齊三。公曰：「魯爲齊弱久矣，子之伐之將若之何？」對曰：「陳恆弒其君，民之不與者半，以魯之衆，加齊之半，可克也。」公曰：「子告季孫。」孔子辭，退而告人曰：「吾以從大夫之後也，故不敢不言。」

是年，孔子已年七十一。此爲孔子晚年在魯最後發表之大政見。魯弱齊強，孔子非不知。然若必待絕對可爲之事而後爲，則事之可爲者稀矣。然亦非孔子絕不計事之可爲與否，而僅主理言。要之陳恆必當伐，以魯伐齊，亦非絕無可勝之理。孔子所計圖者如此而止。而魯君則必不能不先問之三家。三家各爲其私，自必不肯聽孔子，此在孔子亦非不知。惟孔子之在魯，亦從大夫之後，則何可不進讜言於其君與相，而必默爾而息乎！左傳載「魯爲齊弱」一段，論語無之，因論語只標舉大義，細節諮商在所略。論語「之三子告」一段，則左傳無之，因事既不成，史籍可略。然三家擅魯，乃魯政積弱關鍵所在。孔子苟獲用於魯，其主要施爲即當由此下手，故論語於此一節必詳記之也。

二　有關繼續從事教育部分

孔子晚年反魯，政治方面已非其主要意義所在，其最所屬意者應爲其繼續對於教育事業之進行。

子曰：「先進於禮樂，野人也。後進於禮樂，君子也。如用之，則吾從先進。」（先進）

先進、後進，乃指孔門弟子之前輩、後輩言。孔子周遊在外十四年，其出遊前諸弟子爲先進，如顏、閔、仲弓、子路等。其於禮樂，務其大體，猶存淳素之風。較之後輩轉似樸野。其出遊歸來後諸弟子，如子游、子夏等爲後進。於禮樂講求愈細密，然有趨於文勝之概。孔子意，當代若復用禮樂，吾當從先進諸弟子。蓋孔子早年講學，其意偏重用世。晚年講學，其意更偏於明道。來學者受其薰染，故先進弟子更富用世精神，後進弟子更富傳道精神。孔門諸弟子先後輩風氣由此有異。

子曰：「從我於陳、蔡者，皆不及門也。」德行：顏淵、閔子騫、冉伯牛、仲弓。言語：宰我、

子貢。政事：冉有、季路。文學：子游、子夏。（先進）

孔子在陳，思念在魯之弟子。及其反魯，又思及往年相從出遊諸弟子。或已死，或離在遠，「皆不及門」，謂不及在門牆之內，同其講論之樂也。德行、言語、政事、文學四科十哲，乃編撰論語者因前兩章孔子所言而附記及之，以見孔門學風之廣大。「言語」指使命應對，外交辭令。其時列國交往頻繁，政出大夫，外交一項更屬重要，故「言語」乃列「政事」前。「文學」一科，子游、子夏乃後輩弟子，其成就矯然，蓋有非先輩弟子所能及者。至於「德行」一科，非指其外於言語、政事、文學而特有此一科，乃是兼於言語、政事、文學而始有此一科。

孟子公孫丑曰：

昔者竊聞之，子夏、子游、子張皆有聖人之一體。冉牛、閔子、顏淵則具體而微。

冉、閔、顏三人皆列德行，正謂其爲學之規模格局在大體上近似於孔子，只氣魄力量有不及。若偏於用世，則爲言語、政事。偏於傳述，則爲文學。蓋孔子之學以一極單純之中心爲出發點，而擴展至於無限之周延。其門弟子各就才性所近，各視其智力之等第，淺深高下，偏全大小，各有所成，亦各有所用。論語記者雖分之爲四科，然不列德行之科者，亦未嘗有背於德行。其不預四科之列者，亦未嘗不於四科中各有其地位。此特指其較爲傑出者言耳。

【疑辨二十一】

宰我、子貢同列言語之科。孟子曰：「宰我、子貢善爲説辭。」又曰：「宰我、子貢、有若，智足以知聖人。」宰我曰：「以予觀於夫子，賢於堯舜遠矣。」在孔子前輩弟子中，宰我實亦矯然特出，決非一弱者。惟論語載宰我多不美之辭，史記仲尼弟子列傳有云：「學者多稱七十子之徒，譽者或過其實，毁者或損其眞。」竊疑於宰我爲特甚。語詳拙著先秦諸子繫年宰我死齊考。

孔子於諸弟子中特賞顏淵。嘗親謂之曰：

用之則行，舍之則藏，惟我與爾有是夫。（述而）

論語記德行一科，有閔子騫、冉伯牛、仲弓，而顏淵褎然爲之首。此四人皆應能「舍之則藏」，不汲汲於進取。孔子所以更獨喜顏淵，必因顏淵在「用之則行」一面有更高出於三人之上者。故孔子獨以「惟我與爾有是」稱之。

顏淵問爲邦，子曰：「行夏之時，乘殷之輅，服周之冕，樂則韶舞。放鄭聲，遠佞人。鄭聲淫，佞人殆。」（衛靈公）

此章孔子答顏淵問政，與答其他諸弟子問如子路、仲弓、子夏諸人者皆不同。孔子詳述爲政要端貴能斟酌歷史演進，損益前代，折衷一是。其主要在禮樂上求能文質兼盡。不啻使政事即如一番道義教育，陶冶人生，務使止於至善，而於經濟物質方面亦所不忽。惟均不涉及抽象話，只是在具體事實上逐一扼要舉例。至其問種種所以然之故，今既時異世易，無可詳論。惟「行夏時」一項，則爲後世遵用不輟。今卽就孔子之所告，足證顏淵有此器量才識，故孔子特詳告之，又以「用之則行」許之也。

子曰：「賢哉回也！一簞食，一瓢飲，在陋巷。人不堪其憂，回也不改其樂，賢哉回也！」（雍也）

孟子：

顏子當亂世，居於陋巷。一簞食，一瓢飲，人不堪其憂，顏子不改其樂。（離婁下）

是顏淵之窮窘屢空，生事艱困，蓋亦在孔門其他諸弟子之上。宋儒周濂溪嘗教程明道、伊川兄弟，令「尋仲尼、顏淵樂處，所樂何事？」成爲宋、元、明三代理學家相傳最高嘉言，而顏子之德行高卓，亦於此可想。

顏淵死，子曰：「噫！天喪予！天喪予！」（先進）
顏淵死，顏路請子之車以爲之椁。子曰：「才不才，亦各言其子也。鯉也死，有棺而無椁。吾不徒行以爲之椁，以吾從大夫之後，不可徒行也。」（先進）

史記孔子世家：

伯魚年五十，先孔子卒。

是伯魚之卒，孔子當年六十九。顏路，淵之父，少孔子六歲，最先受學於孔子。孔子既深愛顏淵，故顏路有此請。然喪禮當稱家之有無，安於禮，斯能安於貧。孔子拒顏路之請，亦即其深賞顏淵之處。墨家後起，以崇禮厚葬、破財傷生譏儒家，可見其未允。

顏淵少孔子三十歲，年四十一卒，孔子年七十一，在魯哀公之十四年。孔子曰：「道之將行也與，命也。道之將廢也與，命也。」（憲問）孔子於顏淵獨寄以傳道之望。亦盼身後，顏子或猶有出而行道之機會。故孔子於其先卒而發此歎。

顏淵死，子哭之慟。從者曰：「子慟矣。」曰：「有慟乎？非夫人之爲慟而誰爲。」（先進）

顏淵死，門人欲厚葬之。子曰：「不可！」門人厚葬之。子曰：「回也，視予猶父也，予不得視猶子也。非我也，夫二三子也。」（先進）

其父、其師均不能厚葬顏淵，其同門同學不忍坐視，終於厚葬之。孔子之歎，固是責其門人多此一舉，然亦非謂諸門人必不該有此舉。孔子固視顏淵猶子，諸門人平日於顏淵亦羣致尊親，豈不亦視之如兄弟，則焉能熟視其貧無以葬？但既出羣力經營，其事亦自不宜過於從薄。此當時孔門師弟子一堂風義，雖在兩千載之下，亦可想見如昨矣。

哀公問：「弟子孰爲好學？」孔子對曰：「有顏回者好學，不遷怒，不貳過，不幸短命死矣。今也則亡，未聞好學者也。」（雍也）

孔子稱顏子之好學，乃稱其能在內心深處用功，與只注意外面才能事功上者不同。

子曰：「回也，其心三月不違仁，其餘則日月至焉而已矣。」（雍也）

「仁」即人心之最高境界。孔子以此爲教。顏子用功緜密，故能歷時三月之久，而此心常在此境界中。其餘諸弟子或日一達此境界，或月一達此境界。工夫不緜密，故遂時斷時續，時得時失。是孔子之深愛顏淵，固仍在此內心工夫上也。

顏淵喟然歎曰：「仰之彌高，鑽之彌堅，瞻之在前，忽焉在後。夫子循循然善誘人，博我以文，約我以禮。欲罷不能，既竭吾才，如有所立卓爾，雖欲從之，末由也已。」（子罕）

觀此章，知顏淵之善學。「博我以文」者，如孔子告顏子以夏時、殷輅、周冕、韶舞之類是也。「約我以禮」者：

顏淵問仁。子曰：「克己復禮爲仁。一日克己復禮，天下歸仁焉。爲仁由己，而由人乎哉？」顏淵曰：「請問其目。」子曰：「非禮勿視，非禮勿聽，非禮勿言，非禮勿動。」顏淵曰：「回

雖不敏，請事斯語矣。」（顔淵）

於大羣中一己之私當克，其公之出於己者當由。視聽言動皆由己，皆當約之以禮，使其己歸之公而非私。顔子實踐此工夫，其身心無時無刻不約束於禮之中而不復有私，故能緜密至於「不遷怒，不貳過」，「其心三月不違仁」。易繫辭傳有曰：

顔氏之子，其殆庶幾乎！有不善，未嘗不知，知之未嘗復行也。

此亦卽同様道出顔子之心上工夫。惟顔子能在此心地工夫上日精日進，故能居陋巷，簞食瓢飲而不改其樂。然顔子所樂，尚有在「博文」一邊者。莊周時稱顔淵，亦爲能欣賞顔淵之心地工夫，莊周實忽略了顔淵「博文」一邊事。卽以莊周語說之，莊周僅能欣賞顔淵之「內聖」，而不能欣賞及於顔淵之「外王」，是尚未能眞欣賞。至於東漢人以黃憲擬顔子，謂：「叔度汪汪如千頃陂，澄之不清，擾之不濁。」此特是一種虛空的局度氣象，殆只以名利不入其心爲能事；旣不見約禮內聖之功，更不論博文外王之大矣。

子謂顔淵，曰：「惜乎！吾見其進也，未見其止也。」（子罕）

今若以顏子直擬孔子，不幸其短命而死，其學問境界當亦在孔子「四十不惑」上躋「五十知天命」之階段，而猶有「仰之彌高，鑽之彌堅，瞻之在前，忽焉在後，如有所立卓爾」之歎。在顏子之瞻仰於孔子之爲人與其爲學者，正猶天之不可階而升。故曰：「雖欲從之，末由也已。」（子罕）果使顏子更高壽，年逾五十以上，其學日進，殆亦將有如孔子「人不知而不慍」、「知我者其天乎」之境界，而惜乎其未達此境。然後人欲尋孔子之學，則正當以顏子爲階梯。

左傳哀公十五年：

> 衛孔圉取太子蒯聵之姊，生悝。太子在戚，入適伯姬氏，迫孔悝強盟之，遂劫以登臺。衛侯輒來奔。季子將入，遇子羔將出，子羔曰：「弗及，不踐其難。」季子曰：「食焉不辟其難。」子羔遂出。子路入，曰：「太子焉用孔悝。雖殺之，必或繼之。」且曰：「太子無勇，若燔台半，必舍孔叔。」太子聞之懼，下石乞、盂黶敵子路，以戈擊之，斷纓。子路曰：「君子死，冠不免。」結纓而死。孔子聞衛亂，曰：「柴也其來，由也死矣。」

子羔，孔子弟子高柴，爲衛大夫，遇亂出奔。勸子路，政不及己，可不踐其難。子路時爲孔悝之邑宰，孔悝見劫，故往救之。孔子固不予輒之拒其父，然蒯聵之返而爭國，孔子亦不之許。子羔爲輒遠臣，並不預聞政事，孔子知其不反顏事蒯聵，必能潔身而去，故曰「柴也其來」。子路爲救孔悝，孔子知其不畏難避死，必將以身殉所事，故曰「由也死矣」也。

檀弓：

孔子哭子路於中庭。有人弔者，而夫子拜之。既哭，進使者而問故。使者曰：「醢之矣。」遂命覆醢。

公羊傳：

顏淵死，子曰：「噫，天喪予。」子路死，子曰：「噫，天祝予。」

孔門前輩弟子中，子路年最長，顏淵年最幼，而同爲孔子所深愛。大抵孔子在用世上，子路每爲之羽翼。而在傳道上，則顏淵實爲其螟蛉。今兩人俱先孔子亡故，此誠孔子晚年最值悲傷之事也。

仲弓爲季氏宰，問政。子曰：「先有司，赦小過，舉賢才。」曰：「焉知賢才而舉之？」曰：「舉爾所知。爾所不知，人其舍諸？」（子路）

子曰：「雍也可使南面。」（雍也）

仲弓在德行科，名列顏、閔之次，孔子許其可南面。而荀卿常以孔子、子弓並稱，是亦孔門前輩弟子中之高第。其仕季氏，當亦在孔子老而反魯之後。冉有、子路同仕季氏，或子路去衛而仲弓繼之，今不可詳考矣。孔子固未嘗禁其門人之出仕於季氏，唯如冉有爲之聚斂，乃遭斥責。然仲弓必是仕於季氏不久，故無表白可言。凡季氏之所用，如子路，如子貢，如仲弓，皆不能如冉有之信而久，而諸人間之高下亦卽視此而判矣。

子貢問政。子曰：「足食，足兵，民信之矣。」子貢曰：「必不得已而去，於斯三者何先？」曰：「去兵。」子貢曰：「必不得已而去，於斯二者何先？」曰：「去食。自古皆有死，民無信不立。」（顏淵）

子曰：「賜也，女以予爲多學而識之者與？」對曰：「然，非與？」曰：「非也，予一以貫之。」（衛靈公）

子謂子貢曰：「女與回也孰愈？」對曰：「賜也何敢望回！回也聞一以知十，賜也聞一以知二。」子曰：「弗如也。吾與女弗如也。」（公冶長）

子貢僅少顔淵一歲，同爲孔子前期學生中之秀傑，列言語科。孔子自衛反魯，子貢常爲魯使吳、齊。左傳多載子路、冉有、子貢三人之事，而子貢爲尤多。然亦不得大用。孔子問其「與回孰愈」，又稱「吾與汝俱弗如」，見孔子於兩人皆所深喜。孟子曰：「得天下英才而教育之，一樂也。而王天下不與焉。」孔子晚年反魯，其門牆之内英才重叠，其對教育上一番快樂愉悦之情，卽從「吾與女弗如」一語中亦可想見。子貢以「聞一知二」與顔子「聞一知十」相比，故孔子又告之以一貫之道也。

子貢曰：「夫子之文章，可得而聞也。夫子之言性與天道，不可得而聞也。」（公冶長）

「文章」指詩書禮樂、文物制度，亦可謂之形而下。此卽孔子「博文」之教也。「性與天道」，性指人之内心深處所潛藏，天道指天命之流行，孔子平日較少言之。孔子只教人以「約禮」，欲人於約禮中自窺見之。子貢之歎「不可得聞」，亦猶顔淵之歎「末由也已」。惟顔淵之意偏在孔子之爲人，子貢之意偏在孔子之爲學，而兩人之高下亦卽於此可見。

子曰：「回也其庶乎！屢空。賜不受命而貨殖焉，億則屢中。」（先進）

古者商賈皆貴族官主，子貢則不受命於官而自爲之也。史記貨殖列傳，子貢居次，謂其：「廢貯鬻財於曹、魯之間。七十子之徒，賜最爲饒益。」又曰：「子貢結駟連騎，束帛之幣以聘享諸侯，所至國君無不分庭抗禮。使孔子名布揚於天下，子貢先後之也。」蓋子貢以外交使節往來各地，在彼積貯，在此發賣，其事輕而易舉，非若專爲商賈之務於糴賤販貴也。顏淵簞瓢屢空，孔子深賞之。子貢貨殖，爲中國歷史上私家經商之第一人，孔子亦不加斥責。正如顏淵陋巷不仕，孔子深賞之，而如子路、仲弓、子貢、冉有之出仕，孔子亦所不禁。當時孔子門牆之內，亦如山之廣大，草木生之，禽獸居之，寶藏興焉。水之不測，黿鼉蛟龍魚鼈生焉，貨財殖焉。所謂如天地之化育。

> 衛公孫朝問於子貢曰：「仲尼焉學？」子貢曰：「文、武之道，未墜於地，在人。賢者識其大者，不賢者識其小者，莫不有文、武之道焉。夫子焉不學，而亦何常師之有？」（子張）
>
> 太宰問於子貢曰：「夫子聖者與？何其多能也！」子貢曰：「固天縱之將聖，又多能也。」（子罕）

此太宰當是吳太宰，即伯嚭。

> 叔孫武叔語大夫於朝曰：「子貢賢於仲尼。」子服景伯以告子貢。子貢曰：「譬之宮牆，賜之牆也及肩，窺見室家之好。夫子之牆數仞，不得其門而入，不見宗廟之美，百官之富。得其門者

或寡矣。夫子之云，不亦宜乎？」（子張）

叔孫武叔毀仲尼，子貢曰：「無以爲也。仲尼不可毀也。他人之賢者，丘陵也，猶可踰也。仲尼，日月也，無得而踰焉。人雖欲自絶，其何傷於日月乎？多見其不知量也。」（子張）

陳子禽謂子貢曰：「子爲恭也，仲尼豈賢於子乎？」子貢曰：「君子一言以爲知，一言以爲不知。言不可不慎也。夫子之不可及也，猶天之不可階而升也。夫子之得邦家者，所謂立之斯立，道之斯行，綏之斯來，動之斯和。其生也榮，其死也哀，如之何其可及也？」（子張）

陳子禽亦孔子弟子陳亢。此一問答當在孔子卒後。其時孔門諸弟子前輩如顔淵、子路以及閔子騫、仲弓諸人皆已先卒。後輩如游、夏、有、曾之徒，名德未顯。子貢適居前後輩之間，其名譽事業早已著聞，而晚年進德亦必有過人者。故子禽意謂先師雖賢，亦未必勝子貢也。上引諸章，見子貢在當時昌明師道之功爲偉。惟子貢仕宦日久，講學日少，故不能如游、夏、有、曾之見於後人之稱述。此亦見孔門諸弟子先後輩時代之不同。

子游、子夏列四科中之文學，爲後輩弟子中之秀出者。

子謂子夏曰：「女爲君子儒，無爲小人儒。」（雍也）

儒業爲孔子前所已有。凡來學於孔子者，初爲求食來，而孔子教之以求道。志於道則爲「君子儒」，志於食則爲「小人儒」。然又曰：「三年學，不志於穀，不易得也。」（泰伯）孔子弟子皆以儒業仕宦，孔子並不之非，惟孔子又教以求食勿忘道耳。

子夏爲莒父宰，問政。子曰：「無欲速，無見小利。欲速則不達，見小利則大事不成。」（子路）

子夏少孔子四十四歲。孔子未卒前，子夏已爲邑宰。蓋孔門後輩弟子已從仕易得，較前輩從學時大不同。此徵孔門講學聲光日著，亦可以見世變。

子游爲武城宰，子曰：「女得人焉爾乎？」曰：「有澹臺滅明者，行不由徑，非公事，未嘗至於偃之室也。」（雍也）

子游少孔子四十五歲，亦少年出仕。澹臺滅明由識子游，乃亦遊孔子之門。史記仲尼弟子列傳謂：「滅明南遊至江，從弟子三百人，設取予去就，名施乎諸侯。」儒林傳云：「孔子卒後，子羽居楚。」孔道之行於南方，子羽有力焉。武城近吳、魯南境，當吳、越至魯之衝。蓋亦由滅明之揄揚，故子游之名盛於吳，遂有誤爲子游吳人者。孔子周遊反魯，及其身後，儒學之急激發展及其影響於當時之社會者，亦可於此覘之。

子之武城，聞弦歌之聲。夫子莞爾而笑曰：「割鷄焉用牛刀？」子游對曰：「昔者偃也聞諸夫子曰：『君子學道則愛人，小人學道則易使也。』」子曰：「二三子！偃之言是也，前言戲之耳。」（陽貨）

武城在魯邊境。孔子特以子游年少爲宰，親率門弟子往觀政，見子游能興庠序之教，得聞其弦歌之聲，孔子意態之歡樂亦可知。然孔子歎先進於禮樂猶野人，而謂「如用之則吾從先進」。是孔子之意，終自屬意於先輩弟子。德行之科者不論，即如言語政事子貢、子路，雖其文學博聞之功若或不逮於游、夏，然用世可有大展布，爲後進弟子所不及。孔門先後輩從學，精神意趣、人物才具多相異，此亦世變之一端也。

孔門後輩弟子，游、夏外，又有有子、曾子。

左傳哀公八年：

微虎欲宵攻王舍，私屬徒七百人，三踊於幕庭，卒三百人，有若與焉。及稷門之內。或謂季孫曰：「不足以害吴，而多殺國士，不如已也。」乃止之。吴子聞之，一夕三遷。

有子少孔子三十三歲，是年有子年二十四。經三踊之選，獲在三百之數，其英風可想。及孔子歸，乃從學。

哀公問於有若曰：「年饑，用不足，如之何？」有若對曰：「盍徹乎？」曰：「二，吾猶不足，如之何其徹也？」對曰：「百姓足，君孰與不足？百姓不足，君孰與足？」（顔淵）

稅田十取一爲「徹」。哀公十二年用田賦，又使按畝分攤軍費。是年及下年皆有蟲災，又連年用兵於邾，又有齊警，故說「年饑而用不足」。有若教以只稅田，不加賦，針對年饑言。哀公慮國用不足，故有子言「百姓足，君孰與不足」也。不知有子當時在魯仕何職，然方在三十時已獲面對魯君之問；較之孔子三十時情況，自見世變之亟，而儒風之日煽矣。

孟子：

子夏、子張、子游以有若似聖人，欲以所事孔子事之。彊曾子。曾子曰：「不可。江漢以濯之，秋陽以暴之，皜皜乎不可尚矣。」（滕文公下）

游、夏、子張、曾子皆當少有子十歲以上。在孔門後輩弟子中，有子年齒較尊。三子者以有子似聖人，則有子平日必有言行過人，而獲同門之推信。曾子亦非不尊有子，特謂無可與孔子相擬而已。孟子曰：「宰我、子貢、有若智足以知聖人。」又述有子之言曰：「麒麟之於走獸，鳳凰之於飛鳥，泰山之於邱垤，河海之於行潦，類也。聖人之於人，亦類也。出於其類，拔乎其萃，自生民以來，未有盛於孔子也。」有子之盛推孔子，可謂宰我、子貢以後無其倫。然有子既知孔子爲生民以來所未有，則其斷斷不願游、夏、子張以所以事孔子者事己亦可知。孟子亦僅言游、夏、子張欲以所事孔子者事有若，固未言有子乃果自居於師位也。

檀弓又載曾子責子夏，以「使西河之民疑汝於夫子」爲一罪，則曾子亦知盛尊其師，當爲子夏輩所不及。子夏有曰：「日知其所亡，月無忘其所能，可謂好學也已矣。」(子張)其於爲學，終不免偏於文學多聞之一面。而有、曾兩子則能從孔子之學，上窺孔子之人，更近於前輩弟子中德行之一科。故孔子晚年，眞能盛推孔子，以爲無可企及者，子貢以下惟有、曾二子。後人謂今傳論語多出於有、曾二子門人之所記。故學而首篇，第二章卽有子語，第四章卽曾子語。蓋孔子身後，眞能大孔子之傳者，有、曾二子之功應猶在游、夏、子張諸人之上。惟學而篇首有子，次曾子，則有子地位在孔子身後諸弟子所共認中似尚在曾子之前。而子張篇備記子張、子夏、子游，乃及曾子、子貢之言，獨不及有子。殆似有子之傳學不盛，而曾子之後有子思、孟子，遂爲孔門後輩弟子中獨一最受重視之人。宋儒謂曾子獨傳孔子之學，亦不能謂其全無依據。

【疑辨二十二】

史記仲尼弟子列傳：「孔子既沒，弟子思慕。有若狀似孔子，相與共立爲師，師之如孔子時。」竊謂當時諸弟子欲共師有子，必以有子之學問言行有似於孔子，決不以其狀貌之相似。此下有子傳學不盛，聲光漸淡，遂訛爲狀似之說，決非當時之情實也。史記又載有子不能對羣弟子所問，遂爲弟子斥其避座；語更淺陋，荒唐不足信。惟師道由孔子初立，孔子沒，羣弟子驟失聖師，思慕之深，欲在同門中擇一稍似吾師者而師事之，此種心情非不可有。其後墨家踵起，乃有鉅子之制。一師卒，由其遺命另立一師共奉之。如此則使學術傳統近似於宗教傳統，較之孔門遠爲不逮矣。故知曾子之堅拒同門之請，有子之終避師座而弗居，皆爲不可及。

曾參，曾點之子，少孔子四十六歲。孔子卒，曾子年僅二十七，於孔門中最爲年少。孔子稱「參也魯」，似其姿性當不如游、夏之明敏。在孔子生時，曾子似無獨出於諸門人之上之證，惟孔子孫子思曾師事曾子，而孟子又師事於子思之門人，故孟子書中屢屢提及曾子、子思。下逮宋儒，始於孔子身後儒家中特尊孟子，又以爲大學出於曾子，中庸出於子思，合語、孟、學、庸爲四書，於是孔子以下，乃奉顏、曾、思、孟爲四哲。顏淵固孔子生前所親許，惟今論語中乃殊不見孔子特別稱許曾子語，四科亦不列曾子。是當孔子時，曾子於羣弟子中尚未見爲特出。曾子之成學傳道，其事當在孔子之身後。而孔子之學，則當以曾子之傳爲最純，由是而引生出孟子。是亦孔子生前所未預知也。

子曰：「參乎！吾道一以貫之。」曾子曰：「唯。」子出，門人問曰：「何謂也？」曾子曰：「夫子之道，忠恕而已矣。」（里仁）

孔子以「吾道一以貫之」告子貢，同亦以此告曾子。此乃孔子晚年始發之新義。今試據論語孔子其他所言，略加申釋。

子曰：「志於道，據於德，依於仁，游於藝。」（述而）

孔子之道卽是仁道，仁道卽人道也。人道必以各自之己爲基點，爲中心。故其告顏淵曰：「爲仁由己，而由人乎哉？」德爲己心內在所得。孔子三十而立，卽是立己德也。五十而知天命，乃知己德卽由天命，故曰「天生德於予」（述而）。至此而天人內外本末一體。孔子所云之「一貫」，卽一貫之於此心內在之德而已。孔子不言「性與天道」，因性自天賦，德由己立，苟己德不立，卽無以明此性；非己德亦無以行人道；人道不行，斯天道亦無由見。故孔子只言己德與人道，而性與天道則爲其弟子所少聞也。此德雖屬己心內在所得，亦必從外面與人相處，而後此德始顯。故曰「據於德」，又曰「依於仁」。從人事立己心，亦從己心處人事。仁卽是此心之德，德卽是此心之仁，非有二也。依據於此而立心處世，卽是「道」。若分而言之，乃有禮、樂、射、御、書、數諸「藝」，皆爲人生日用所不可闕，亦爲此心之德、之仁所當涵泳而優游。

太宰問於子貢曰：「夫子聖者與？何其多能也！」子貢曰：「固天縱之將聖，又多能也。」子聞之，曰：「太宰知我乎？吾少也賤，故多能鄙事。君子多乎哉？不多也。」牢曰：「子云：『吾不試，故藝。』」（子罕）

孔子身通六藝，時人皆以多能推孔子。然孔子所志乃在道。藝亦有道，然囿於一藝則只成小道。故孔子又稱之曰「鄙事」。而孔子必教人「游於藝」，此所謂「小德川流，大德敦化」，則藝卽是道而不鄙矣。

達巷黨人曰：「大哉孔子！博學而無所成名。」子聞之，謂門弟子曰：「吾何執？執御乎？執射乎？吾執御矣。」（子罕）

執一藝卽不能「游於藝」。孔子言若使我於藝有執，專主一藝以成名，則執射不如執御。因御者爲人僕，其事尤卑於射。事愈卑，專執可愈無害。行道乃大事，執一藝，又焉能勝任而愉快乎？

曾子曰：「夫子之道，忠恕而已矣。」盡己之心爲忠，推己心以及人爲恕。忠恕卽己心之德也。論語第二章，有子卽言孝弟。下至孟子，亦曰：「堯舜之道，孝弟而已矣。」孝弟亦卽是己心之德。有、曾、孟子三人之言忠恕、孝弟，皆極簡約平易，人人可以共由，並皆有當於孔子「一貫」之旨。惟孔子言一貫，則義不盡於此。宋儒謂論語此章，曾子一唯，乃是其直契孔子心傳。此乃附會之於佛門禪宗故事，決非當時之實況。

今試再推擴言之。

陳亢問於伯魚曰：「子亦有異聞乎？」對曰：「未也。嘗獨立，鯉趨而過庭。曰：『學詩乎？』對曰：『未也。』曰：『不學詩，無以言。』鯉退而學詩。他日，又獨立。鯉趨而過庭。曰：『學禮乎？』對曰：『未也。』『不學禮，無以立。』鯉退而學禮。聞斯二者。」陳亢退而喜曰：「問一得三。聞詩，聞禮，又聞君子之遠其子也。」（季氏）

此見孔子平日之教其子，亦猶其教門人，主要不越「詩」與「禮」兩端。詩教所重在每一人之內心情感，禮則重在人羣相處相接之外在規範。孔子之教，心與事相融，內與外相洽，內心、外事合成一體，而人道於此始盡。孔子之教詩、教禮，皆本於自古之相傳。故曰：「述而不作，信而好古。」（述而）其晚年弟子中，如子夏長於詩，子游長於禮，此皆所謂「夫子之文章可得而聞」者。然孔子之傳述詩、禮，乃能於詩、禮中發揮出人道大本大原之所在；此乃一種極精微之傳述，同時亦即爲一種極高明極廣大之新開創，有古人所未達之境存其間。此則孔子之善述，與僅在述舊更無開新者絕不同類。

抑且孔子之善述，其事猶不盡於此。孔子常言仁智。詩、禮之教通於仁智，而仁智則超於詩、禮之上，而更有其崇高之意義與價值。詩與禮乃孔子之述古，仁與智則孔子之闡新。惟孔子不輕以仁智許人，亦每不以仁智自居。孟子：

> 子貢問於孔子曰：「夫子聖矣乎？」孔子曰：「聖則我不能，我學不厭而教不倦也。」子貢曰：「學不厭，智也。教不倦，仁也。仁且智，夫子既聖矣。」（公孫丑上）

孝弟盡人所能，忠恕亦盡人所能。然孔子又曰：

> 十室之邑，必有忠信如丘者焉，不如丘之好學也。（公冶長）

言忠信，亦猶言孝弟、忠恕，皆屬此心之德，而孔子之尤所勉人者則在學。學不厭，亦非人所不能，亦應爲盡人所能。孔子自曰：「十有五而志於學。」一部論語卽以「學而時習之」開始。聖人雖高出於人人，然必指示人有一共由之路，使人可以由此路以共達於聖人之境，乃始爲聖人之大仁大智。此路繫何？則曰「學」。

子曰：「若聖與仁，則吾豈敢？抑爲之不厭，誨人不倦，則可謂云爾已矣。」公西華曰：「正唯弟子不能學也。」（述而）

孔子之告公西華，亦猶其告子貢。孔子只自謙未達其境，然固明示人以共達此境之路。千里之行，起於腳下。若爲之而厭，半路歇腳，則何以至。公西華乃曰：「正唯弟子不能學。」其意本欲說不能行千里，乃若說成了不能舉腳起步，不知孔子教人乃正在教人舉腳起步也。惟子貢所言，乃極爲深通明白，學不厭卽是智，教不倦卽是仁。行達千里，亦只是不斷地在舉腳起步而已。

孔子之言仁與智，亦有一條簡約平易，人人可以共由之路。

子曰：「由！誨女知之乎？知之爲知之，不知爲不知，是知也。」（爲政）

此章非孔子專以誨子路，亦乃可以誨人人者。每一人皆要能分別得自己的知與不知，莫誤認不知以爲知。亦不當於己之不知處求，當從己之所知處求，如此自能從己之所知以漸達於己之所不知。

季路問事鬼神。子曰：「未能事人，焉能事鬼？」「敢問死。」曰：「未知生，焉知死？」（先進）

此章把人事與鬼神，生與死，作一劃分。孔子只教人求知人生大道，如孝弟，如忠恕，此應盡人所可知，亦是盡人所能學。孔子不教人闖越此關，於宇宙鬼神己所不知處去求。是孔子言知，極簡約平易，可使人當下用力也。

子曰：「吾有知乎哉？無知也。有鄙夫問於我，空空如也。我叩其兩端而竭焉。」（子罕）

此鄙夫心有疑，故來問。孔子即以其所問之兩端、正反、前後等罄竭反問，乃使此鄙夫轉以問變成爲答。鄙夫自以其所知爲答，而其所不知亦遂開悟生知。故孔子又曰：

不憤不啓，不悱不發。舉一隅，不以三隅反，則不復也。（述而）

孔子之循循善誘，教人由所知以漸達於所不知之境。此爲孔子言知之最簡約平易處。

子貢曰：「如有博施於民而能濟衆，何如？可謂仁乎？」子曰：「何事於仁，必也聖乎？堯舜其猶病諸！夫仁者，己欲立而立人，己欲達而達人。能近取譬，可謂仁之方也已。」（雍也）

天地萬物，一切莫近於己。己欲立，始知人亦欲立。己欲達，始知人亦欲達。知如何立己，卽知如何立人。知如何達己，卽知如何達人。己之欲立達，出於己心。能盡此心，卽忠。推此心以及人，卽恕。此爲孔子言仁之最簡約平易處。

子曰：「仁遠乎哉？我欲仁，斯仁至矣。」（述而）

人莫不各有一己，己莫不各有一心。此心無不欲己之能立能達。此心同，此欲同，卽仁之體。此仁體卽在己心中，故曰不遠，欲之斯至也。孔子言「吾道一以貫之」，卽貫之以此耳。孔子十有五而志於學，卽欲立欲達也。三十而立，四十而不惑，不惑卽是達。五十而知天命，則是天人一體。學不厭，教不倦，盡在其中。忠恕之道亦至是而盡也。

三　有關晚年著述部分

子曰：「吾自衛反魯，然後樂正，雅、頌各得其所。」（子罕）

孔子以詩教，詩與樂有其緊密相聯不可分隔之關係。中國文字特殊，詩之本身即涵有甚深之音樂情調。古詩三百，無不入樂，皆可歌唱。當孔子時，詩、樂尚爲一事。然「詩言志，歌永言，聲依永，律和聲」，則樂必以詩爲本，詩則以人之內心情志爲本。有此情志乃有詩，有詩乃有歌。而詩與樂又必配於禮而行。孔門重詩教，亦重禮教，即在會通人心情志，以共達於中正和平之境。

詩有雅、頌之別。頌者，天子用之郊廟，形容其祖先之盛德，即以歌其成功。又有雅，用之朝廷。大雅所陳，其體近頌。遠自后稷、古公，近至於文王受命，武王伐殷，西周史迹，詳於詩中之雅、頌，尤過於西周之書。小雅所陳，則如飲宴賓客，賞勞羣臣，遣使睦鄰，秉鉞專征，亦都屬政治上事。故大雅與頌爲天子之樂，小雅爲諸侯之樂，風詩鄉樂則爲大夫之樂。詩與禮與樂之三者，一體相關，乃西周以來治國平天下之大典章所繫。至如當孔子時，「三家者以雍徹」，不僅大夫專政，驕僭越禮，亦因自西周之亡，典籍喪亂，故孔子有「我觀周道，幽、厲傷之」之歎。吳季札聘魯，請觀周樂，是西周以來所傳詩、樂獨遺存於魯者較備。孔子周遊反魯，用世之心已淡，乃留情於古典籍之整理，而獨以正樂爲首事。所謂「雅、頌各得其所」者，非僅是留情音樂與詩歌。正樂卽所以正禮，此乃當時政治上大綱節所在。孔子之意，務使詩教與禮教合一，私人修德與大羣行道合一。其正樂，實有其甚深甚大之意義存在。

孔子又曰：

興於詩，立於禮，成於樂。（泰伯）

正因詩、禮、樂三者本屬一事。孔子告伯魚，曰：「不學詩，無以言。」（季氏）又曰：「不爲周南召南，其猶正牆面而立。」（陽貨）蓋詩言志，而以溫柔敦厚爲教。故不學詩，幾於無可與人言。人羣相處，心與心相通之道，當於詩中求之。知於心與心相通之道，乃始知人與人相接之禮。由此心與心相通、人與人相接之詩與禮，而最後達於人羣之和敬相樂。孔子之道，不過於講求此心與心相通、人與人相接而共達於和敬相樂之一公。私人修身如此，人羣相處，齊家治國平天下亦如此。凡人道相處，一切制度文爲之主要意義皆在此。孔子之教育重點亦由此發端，在此歸宿。惟孔門後輩弟子，如游、夏之徒，則不免因此而益多致力用心於典籍文字中，乃獨於文學一科上建績。抑在孔子時，詩、禮、樂之三者，已不免漸趨於分崩離析之境。如三家以雍徹，此即樂與禮相離，樂不附於禮而自爲發展。孔子告顏子曰：「放鄭聲，鄭聲淫。」（衛靈公）此即樂與詩相離，樂不附於詩而自爲發展。所謂鄭聲淫，非指詩，乃指樂。淫者淫佚。樂記云：「鄭音好濫淫志。」白虎通：「鄭國土地民人，山居谷浴，男女錯雜，爲鄭聲以相悅懌。」此皆顯示出音樂之離於詩而自爲發展。至於詩與禮之相離，亦可類推。孔子正樂，雅、頌各得其所，乃欲使樂之於禮於詩，重回其相通合一之本始。而惜乎時代已非，此事亦終一去而不復矣。又檀弓記孔子既祥五日即彈琴，在齊學韶，在衛擊磬，晚年自衛反魯即正樂，是孔子終其生在音樂生活中，然特是「游於藝」，即以養德明道，非是要執一藝以成名也。

【疑辨二十三】

史記孔子世家：「古者詩三千餘篇，及至孔子，去其重，取可施於禮義，上采契、后稷，中述殷、周之盛，至幽、厲之缺，三百五篇。」此謂孔子刪詩。其說不可信。論語：「詩三百，一言以蔽之曰思無邪。」（爲政）又曰：「誦詩三百，授之以政，不達。使於四方，不能專對。雖多，亦奚以爲。」（子路）是孔子時詩止三百，非經孔子刪定爲三百也。吳季札聘魯觀周樂，所歌十五國風皆與今詩同，非孔子刪存此十五國風詩也。詩小雅，大半在宣、幽之世，夷王以前寥寥無幾，孔子何以刪其盛而存其衰？以論、孟、左傳、戴記諸書引詩，逸者不及十之一，是孔子無删詩之事明矣。

孔子於正樂外，又作春秋，爲晚年一大事。

孟子：

世衰道微，邪説暴行有作，臣弑其君者有之，子弑其父者有之。孔子懼，作春秋。春秋，天子之事也，是故孔子曰：「知我者，其惟春秋乎！罪我者，其惟春秋乎！」（滕文公下）

又曰：

孔子成春秋而亂臣賊子懼。（滕文公下）

又曰：

王者之迹熄而詩亡，詩亡然後春秋作。晉之乘，楚之檮杌，魯之春秋，一也。其事則齊桓、晉文，其文則史。孔子曰：「其義則丘竊取之矣。」（離婁下）

史記孔子世家：

魯哀公十四年春，狩大野。叔孫氏車子鉏商獲獸，以爲不祥。仲尼視之，曰：「麟也。」取之。顔淵死，孔子曰：「天喪予。」及西狩見麟，曰：「吾道窮矣。」乃因史記作春秋，上至隱公，下迄哀公十四年，十二公。約其文辭而指博。故吳、楚之君自稱王，而春秋貶之曰「子」。踐土之會，實召周天子，而春秋諱之曰：「天王狩於河陽。」推此類以繩當世，貶損之義，後有王者舉而開之，春秋之義行，則天下亂臣賊子懼焉。孔子在位，聽訟文辭，有可與人共者，弗獨有也。至於爲春秋，筆則筆，削則削，子夏之徒不能贊一辭。

孔子春秋絶筆於獲麟，非感於獲麟而始作春秋。是年四月，陳恆執齊君，置於舒州，六月而弑之。孔子年七十一，沐浴請討，魯君臣莫之應。可證當時已無復知篡弑之爲非矣。是春適有西狩獲麟之事，孔子感於此而輟簡廢業，春秋遂以是終。不惟孔子春秋不終於哀公之二十七年，卽哀公十四年之夏秋冬三時，亦出後人所續，非孔子之筆。至於孔子作春秋究始何年，則無可考。

詩有雅、頌，實乃西周初起乃及文武成康盛時之歷史，其說已詳前。宣王以後，雅、頌既衰，而其時則有史官，並由中央分派散居列國，故曰：「詩亡而後春秋作。」晉語，羊舌肸習於春秋。楚語，申叔時論傳太子云：「教之以春秋。」墨子明鬼篇，有周、燕、宋、齊之春秋。可見春秋乃當時列國史官記載之公名，晉乘、楚檮杌，爲其別名。左傳魯昭公二年，晉韓宣子在魯，見易象與春秋，曰：「周禮盡在魯矣。」是史官與春秋在當時皆屬禮。孔子作春秋，即其生平重禮的一種表現。孔子春秋因於魯史舊文，故曰「其文則史」。然其內容不專着眼在魯，而以有關當時列國共通大局爲主，故曰「其事則齊桓、晉文」。換言之，孔子春秋已非一部國別史，而實爲當時天下一部通史。

其史筆亦與當時史官舊文有不同。如貶吳、楚爲「子」，諱諸侯召天子曰「天王狩於河陽」。於記事中寓大義，故曰「其義則丘竊取之」。此義，當推溯及於西周盛時王室所定之禮，故曰「春秋天子之事也」。孔子以私人著史，而自居於周王室天子之立場，故又曰「知我者其惟春秋，罪我者亦惟春秋」也。其實孔子亦非爲尊周王室，乃爲遵承西周初年周公制禮作樂之深心遠意，而提示出其既仁且智之治平大道，特於春秋二百四十年之歷史事實中寄託流露之而已。

孔子之著史作春秋，其事一本於禮。而孔子之治禮，其事亦一本於史。

> 子張問：「十世可知也？」子曰：「殷因於夏禮，所損益可知也。周因於殷禮，所損益可知也。其或繼周者，雖百世可知也。」（為政）

古人以父子相禪三十年爲一世。十世當得三百年，百世當得三千年。孔子心中，未嘗認有百世一統相傳之天子與王室，特認有百世一統相傳之禮。禮有常，亦有變。必前有所因，是其常。所因必有損益，是其變。

孟子：

子貢曰：「見其禮而知其政，聞其樂而知其德。由百世之後，等百世之王，莫之能違也。自生民以來，未有夫子也。」（公孫丑上）

孔子卽觀於其世王者所定之禮樂，卽知其王之政與德。居百世之後，觀百世之上，爲之次第差等，而無有違失。能前觀百世，斯亦能後觀百世。觀其禮，而知其世。

子曰：「夏禮，吾能言之，杞不足徵也。殷禮，吾能言之，宋不足徵也。文獻不足故也。足，則吾能徵之矣。」（八佾）

孔子所言禮，包括全人生。其言史，亦包括全人生。故其言禮卽猶言史，言史亦猶言禮。夏、殷兩代史迹多湮，典籍淪亡，賢者凋零，若已無可詳考；而孔子猶能言之者，周代之禮，卽上因於夏、殷，孔子憑當身之見聞，好古敏求，本於人道之會通而溯其損益之由來，歷史演變之全進程，可以心知其意；而欲語之人人，則終有無徵不信之憾也。

子曰：「周監於二代，郁郁乎文哉！吾從周。」（八佾）

孔子雖好古敏求，能言夏、殷之禮，然折衷而言，主從周代。蓋歷史演進，禮樂日備，文物日富，故孔子美之也。

子曰：「甚矣吾衰也！久矣吾不復夢見周公！」（述而）

孔子志欲行道於天下，古人中最所心儀嚮往者爲周公。故每於夢寐中見之。及其老，知行道天下之事不可得，無是心，乃亦無是夢矣。歎己之衰，而歎世之心則更切。然孔子曰：「如有用我者，吾其爲東周乎！」（陽貨）則孔子若得志行道，其於周公之禮樂，亦必有所損益可知。其修春秋，亦即平日夢見周公之意。託於此二百四十二年之史事，正名號，定是非，使人想見周公以禮治天下之宏規。此後漢儒尊孔子爲「素王」，稱其「爲漢制法」，則知孔子之言禮，與其言史精神一貫，義無二致也。無歷世不變之史，斯亦無歷世不變之禮。

子曰：「麻冕，禮也。今也純，儉，吾從眾。拜下，禮也，今拜乎上，泰也。雖違眾，吾從下。」（子罕）

此孔子言禮主變通，不主拘守之一例。

林放問禮之本，子曰：「大哉問！禮，與其奢也寧儉。喪，與其易也寧戚。」（八佾）

知禮之本，斯知禮之變。

子曰：「人而不仁如禮何，人而不仁如樂何。」（八佾）

知孔子言禮樂，其本在仁。而又曰「克己復禮為仁」，則仁、禮二者內外迴環，亦是「吾道一以貫之」也。

【疑辨二十四】

史記孔子世家復曰：「孔子之時，周室微而禮樂廢，詩書缺。追迹三代之禮，序書傳。」又曰：「孔子晚而喜易，序彖、繫象、說卦、文言。」此言序書傳、作易十翼兩事，皆不可信。蓋西漢武帝時重尊孔子，其時已距孔子卒後三百四十年；從遺經中尋求孔子，遂更重孔門文學之一科。孔子以禮、樂、射、御、書、數六藝教，而漢人易以詩、書、禮、樂、易、春秋為六藝。又稱孔子敍書傳，删詩，訂禮正樂，作易十翼與春秋。漢儒謂六藝皆經孔子整理。司馬遷曰：「余讀孔氏書，想見其為人。」是皆以詩書六藝為孔氏書也。然西漢諸儒興於秦人滅學之後，起自田畝，其風尚樸，亦猶孔門之有先進。東漢今文十四博士之章句可勿論，即許慎、鄭玄輩亦如孔門後進之文學科。由此激而為清談。而當時孔門教育精神遂更失其重點之所在矣。

第八章　孔子之卒

一　孔子之卒與葬

左傳哀公十六年：

夏四月己丑，孔丘卒。

是年，孔子年七十三。

【疑辨二十五】

戴記檀弓篇：「孔子蚤作，負手曳杖，消搖於門，歌曰：『泰山其頹乎！梁木其壞乎！哲人其萎乎！』子貢聞之，趨而入。子曰：『予疇昔之夜，夢坐奠於兩楹之間，予殆將死也。』蓋寢疾七日而歿。」今按：論語載孔子言，皆謙遜無自聖意，此歌以泰山、梁木、哲人自謂，又預決其死於夢兆，亦與孔子平日不言怪力亂神不類。恐無此事。因後人多傳述此歌，故仍附載於此。

左傳哀公十六年：

孔丘卒，公誄之，曰：「旻天不弔，不憖遺一老，俾屏余一人以在位。煢煢余在疚。嗚呼哀哉尼父，無自律。」子貢曰：「君其不沒於魯乎。夫子之言曰：『禮失則昏，名失則愆。失志為昏，失所為愆。』生不能用，死而誄之，非禮也。稱一人，非名也。君兩失之。」

魯之君臣雖不能用孔子，而心亦知敬，故死猶誄之。然曰「余一人」，此乃天子自稱之辭。子貢亦知糾其愆。此見孔子講學精神不隨孔子之沒而俱亡。然孔子亦以此終不能見用於當世。

檀弓：

孔子之喪，門人疑所服。子貢曰：「昔者夫子之喪顏淵，若喪子而無服。喪子路亦然。請喪夫子，若父而無服。」

史記孔子世家：

孔子葬魯城北泗上，弟子皆服三年。三年心喪畢，相訣而去，則哭，各復盡哀。或復留。惟子貢廬於冢上凡六年，然後去。

孟子：

孔子沒，三年之外，門人治任將歸，入揖於子貢，相嚮而哭，皆失聲，然後歸。子貢反，築室於場，獨居三年，然後歸。（滕文公上）

史記孔子世家：

弟子及魯人，往從冢而家者，百有餘室，因命曰孔里。魯世世相傳，以歲時奉祠孔子冢。而諸儒亦講禮鄉飲、大射於孔子冢。孔子冢大一頃。故所居堂，弟子內，後世因廟藏孔子衣冠琴車書。至於漢二百餘年不絕。高皇帝過魯，以太牢祠焉。諸侯卿相至，常先謁，然後從政。

史記儒林傳：

高皇帝誅項籍，舉兵圍魯，魯中諸儒尚講誦習禮樂，弦歌之音不絕。

觀此，知孔子身後受世尊敬，實遠超於此下百家之上而無可倫比，固不自漢武帝表章六經後始然也。

二　孔子之後世

史記孔子世家：

孔子生鯉，字伯魚。伯魚年五十，先孔子卒。伯魚生伋，字子思，年六十二。嘗困於宋，子思作中庸。子思生白，字子上，年四十七。子上生求，字子家，年四十五。子家生箕，字子京，年四十六。子京生穿，字子高，年五十一。子高生子慎，年五十七，嘗為魏相。子慎生鮒，年五十七，為陳王涉博士，死於陳下。鮒弟子襄，年五十七，嘗為孝惠皇帝博士，遷為長沙太傅，長九尺六寸。子襄生忠，年五十七。忠生武，武生延年及安國，安國為今皇帝博士，至臨淮太守，早卒。

自伯魚下迄安國共十一代。孔子開私家講學之先聲，戰國百家競起。然至漢室，不少皆僅存姓氏，其平生之詳多不可考。獨孔子一人，不僅其年數行曆較諸家為特著，而其子孫世系四百年緜延，曾無中斷。此下直迄於今，自孔子以來已兩千年七十餘代，有一嫡系相傳，此惟孔子一家為然。又若自孔子上溯，自叔梁紇而至孔父嘉，又自孔父嘉上溯至宋微子，更自微子上溯至商湯，自湯上溯至契，蓋孔子之先世代代相傳，可考可稽者又可得兩千年。是孔子一家自上至下乃有四千年之譜牒，歷代遞禪而不輟，實可為世界人類獨特僅有之一例。

三　孔門七十子儒學之流行

史記儒林傳：

自孔子卒後，七十子之徒散游諸侯。大者為師傅卿相，小者友教士大夫，或隱而不見。故子路居衞，子張居陳，澹臺子羽居楚，子夏居西河，子貢終於齊。如田子方、段干木、吴起、禽滑釐之屬，皆受業於子夏之倫，為王者師。

蓋自孔子身後，儒者之際遇，儒學之流衍，皆非孔子生前可比，而戰國百家言遂亦以之競起，其精神氣運則皆自孔子啟之也。

孔子年表

魯襄公二十二年（西曆紀元前五五一年）孔子生。

魯襄公二十四年　孔子年三歲。父叔梁紇卒。

魯昭公七年　孔子年十七歲。母顏徵在卒在前。

魯昭公九年　孔子年十九歲。娶宋幵官氏。

魯昭公十年　孔子年二十歲。生子鯉，字伯魚。

魯昭公十七年　孔子年二十七歲。郯子來朝，孔子見之，學古官名。其為魯之委吏、乘田當在前。

魯昭公二十年　孔子年三十歲。孔子初入魯太廟當在前。琴張從遊，當在此時，或稍前。孔子至是始授徒設教。顏無繇、仲由、曾點、冉伯牛、閔損、冉求、仲弓、顏回、高柴、公西赤諸人先後從學。

魯昭公二十四年　孔子年三十四歲。魯孟釐子卒，遺命其二子孟懿子及南宮敬叔師事孔子學禮。時二子年十三，其正式從學當在後。

魯昭公二十五年	孔子年三十五歲。魯三家共攻昭公，昭公奔於齊，孔子亦以是年適齊，在齊聞韶樂。齊景公問政於孔子。
魯昭公二十六年	孔子年三十六歲。當以是年反魯。
魯昭公二十七年	孔子年三十七歲。吳季札適齊反，其長子卒，葬嬴、博間，孔子自魯往觀其葬禮。
魯定公五年	孔子年四十七歲。魯陽貨執季桓子。陽貨欲見孔子，當在此後。
魯定公八年	孔子年五十歲。魯三家攻陽貨，陽貨奔陽關。是年，公山弗擾召孔子。
魯定公九年	孔子年五十一歲。魯陽貨奔齊。孔子始出仕，為魯中都宰。
魯定公十年	孔子年五十二歲。由中都宰為司空，又為大司寇。相定公與齊會夾谷。
魯定公十二年	孔子年五十四歲。魯聽孔子主張墮三都。墮郈，墮費，又墮成，弗克。孔子墮三都之主張遂陷停頓。
魯定公十三年	孔子年五十五歲。去魯適衛。衛人端木賜從遊。
魯定公十四年	孔子年五十六歲。去衛過匡。晉佛肸來召，孔子欲往，不果，重反衛。
魯定公十五年	孔子年五十七歲。始見衛靈公，出仕衛，見衛靈公夫人南子。
魯哀公元年	孔子年五十八歲。衛靈公問陳，當在今年或明年，孔子遂辭衛仕。其去衛，當在明年。
魯哀公二年	孔子年五十九歲。衛靈公卒，孔子在其卒之前或後去衛。

魯哀公三年　孔子年六十歲。孔子由衛適曹又適宋，宋司馬桓魋欲殺之，孔子微服去，適陳。遂仕於陳。

魯哀公六年　孔子年六十三。吳伐陳，孔子去陳。絕糧於陳、蔡之間，遂適蔡，見楚葉公。又自葉反陳，自陳反衛。

魯哀公七年　孔子年六十四歲。再仕於衛，時為衛出公之四年。

魯哀公十一年　孔子年六十八歲。魯季康子召孔子，孔子反魯。自其去魯適衛，先後凡十四年而重反魯。此下乃開始其晚年期的教育生活，有若、曾參、言偃、卜商、顓孫師諸人皆先後從學。

魯哀公十二年　孔子年六十九歲。子孔鯉卒。

魯哀公十四年　孔子年七十一歲。顏回卒。齊陳恆弒其君，孔子請討之，魯君臣不從。是年，魯西狩獲麟，孔子春秋絕筆。春秋始筆在何年，則不可考。

魯哀公十五年　孔子年七十二歲。仲由死於衛。

魯哀公十六年　（西曆紀元前四七九年）孔子年七十三歲，卒。

附錄一　讀胡仔孔子編年

胡仔字元任，嘗輯詩話，所謂苕溪漁隱者是也。其爲孔子編年，乃奉其父舜陟汝明之命。舜陟序其書在紹興八年，有曰：

孔子動而世爲天下道，行而世爲天下法者，雜出於春秋三傳、禮記、家語與夫司馬遷世家，而又多僞妄，惟論語爲可信，足以證諸家之是非。予令小子仔采摭其可信者而爲編年。

四庫提要論其書則曰：

自周秦之間，讖緯雜書，一切詭異神怪之説，率託諸孔子，大抵誕謾不足信。仔獨依據經傳，考尋事實，大旨以論語爲主而附以他書，其采摭頗爲審愼。惟不免時有牽合，尤失於穿鑿。然由宋以後，纂集聖蹟者，其書衆多，亦猥雜日甚。仔所論次猶爲近古，故錄冠傳記之首，以見濫觴所自。

余讀其書，采摭頗廣，而考訂則疏。其所引皆不舉其出處，厥為一大疏失。先秦古籍，其可信與不可信，往往相差甚遠。覩其書名，卽可逆揣其可信之程度。胡氏書既將所引書名全略去，又有所引異書而綴之同條之下，其為牽合穿鑿尤甚。並僅有編次，不加考訂，更見其疏。蓋自史記孔子世家以下撰寫孔子傳者，惟此為第一部。自朱子出而學術界考訂之功遂日臻精密。胡氏書在朱子前，可見濫觴所自，固不得以後人著述體例相繩也。

又其書雖以論語為主，而編入論語諸章亦備見疏失。舉其易見者：如論語八佾篇「子入太廟」章，胡氏書編入魯定公九年，孔子年五十一。孔子之始入魯太廟，決當在此以前，並當在年少時，故或人譏之曰「鄹人之子」。若在孔子五十一歲之年，已在魯為顯仕，或人固不當以鄹人之子譏之。此則細誦論語原文而可知其非矣。

又如論語先進篇「子路、曾晳、冉有、公西華侍坐」章，胡氏書編入魯哀公十二年，孔子年六十九。今按：本章當編次於孔子五十歲前初期講學時，則情辭宛符。今編次於孔子晚年後期講學之時，則顯與論語本章原文不合。孔子之問四子，曰：「如或知爾，則何以哉？」知其時四子皆未獲用於時。及孔子仕魯，行乎季孫，子路已為季氏宰。及孔子晚年反魯，冉有亦已為季氏宰，方大見任用。孔子何為在其後又有「如或知爾」之問？子路、冉有之對，覈之在魯哀公十二年時兩人之仕歷與地位，遙為不稱。此亦細誦論語原文而可知其非者。

又如論語季氏篇「季氏將伐顓臾」章，胡氏書編入魯定公五年，孔子年四十七。此可謂大背情實。此時孔子尚未出仕，子路、冉有方從學於孔子門下，無由先與季氏有緣。何為季氏將伐顓臾，而兩人為之先容於孔子。且季路、冉有兩人相差二十年，故四子言志，子路序列在冉有之前；而此章冉有轉列子路前。又孔子獨責冉有，曰：「求！無乃爾是過與？」下文亦冉有獨答，可見此事應由冉有負責。若以移列孔子晚年歸魯，冉有為季氏宰，見信用事，而子路亦同時仕於季氏，則情事適切矣。

又如論語子張篇「叔孫武叔語大夫於朝」，及「叔孫武叔毀仲尼」兩章，胡氏書皆以編入魯定公八年孔子年五十。時孔子始出仕，尚未顯用，叔孫何為遽公然毀之於朝？抑且子貢少孔子三十一歲，孔子五十一歲時為魯司寇，子貢方年二十，今年尚僅十九歲，疑尚未從學於孔子。而叔孫之言曰「子貢賢於仲尼」，可知此章當在孔子晚年，子貢見用於魯，於外交上屢著績效，聲譽方隆，故叔孫疑其賢於孔子也。

以上皆引用論語原文，未經細考，而可顯見其誤者。亦有引用他書，不旁參之論語而誤者。如季康子召冉求，胡氏書編入魯哀公三年，孔子年六十。此據史記孔子世家。然論語述而篇「冉有曰夫子為衛君乎」章，是冉有乃從孔子自陳反衛，必無自陳反魯之事。冉有之歸魯，當在反衛之後，不在季桓子甫卒之歲。據論語而史記之誤自顯。胡氏父子知諸家書記孔子行事多僞妄，惟論語為可信，而又不本論語以證諸家之是非，何耶？

又如孔子與於蜡賓，言偃在側，胡氏書列此於魯定公十一年，孔子年五十三。其年其事，胡氏本之孔子家語及小戴記之禮運篇。然考史記仲尼弟子列傳，子游少孔子四十五歲，則孔子五十三歲時子游年僅八歲。孔子五十五歲去魯，子游年十歲，其時尚未從遊。孔子厄於陳、蔡之間，子游年亦僅十六，決不遽以文學稱。孔子反魯，子游年二十三，其從遊應在孔子反魯之後。論語先進篇「子曰從我於陳、蔡者皆不及門也」章，下附德行、言語、政事、文學四科十哲，則斷非孔子當時之語。若記孔子當時語，則十哲應稱名，不稱字。即此可證四科十哲乃論語編者所附記。子游決不在相從陳、蔡之列，更何從侍孔子為司寇時與於蜡之祭乎？至言大同、小康，所關何等重大！既不見於論語，則禮運篇亦屬可疑。此不詳論。

又如左氏傳魯昭公十二年楚子狩於州來一長篇，下附仲尼曰：「古也有志，克己復禮仁也，信善哉！楚靈王若能如是，豈其辱於乾谿。」胡氏書引以編入孔子二十二歲時。論語顏淵篇「顏淵問仁」章，孔子答以「克己復禮為仁」，明是孔子自己語，非稱引前人語。孔子以仁為教，乃孔子之最大教義，亦由孔子最先主張。仁、禮並舉，論語屢見。若「克己復禮為仁」一語乃孔子稱引前人語，孔子為何抹去此前人名字不提？又孔子自所發明之重要主張又何在？王應麟困學紀聞據論語疑左傳，是也。胡氏書引左傳此條，則何以解論語？此乃有關考論孔子學術思想之最大要端，較之何事在何年之編排，其重要性超出遠甚，而胡氏不能辨。則其書他處之不能獲得孔子生平言行之要領亦可知矣。

胡舜陟序列舉春秋三傳、禮記、家語及司馬遷世家，獨不及孟子。孟子親受業於子思之門人，其去孔子為時不遠，又曰：「乃我所願則學孔子。」故孟子述及孔子，其重要性應尤在左傳諸書之上。胡氏書殆因孟子書中語若無關於其逐事編年之具體需要，遂忽棄不加注意，是亦一大缺失。

孟子萬章篇有曰：「孔子之仕也，未嘗有所終三年淹也。孔子有見行可之仕，有際可之仕，有公養之仕。於季桓子，見行可之仕也。於衛靈公，際可之仕也。於衛孝公，公養之仕也。」又曰：「孔子之去齊，接淅而行。去魯，曰：『遲遲吾行也。』去父母國之道也。可以速而速，可以久而久，可以處而處，可以仕而仕，孔子也。」孟子此兩條發揮孔子進退出處行止之義，大可闡發。胡氏書有稱引，無考訂，無闡發，此為其書缺失所在。據孟子語，孔子在齊未仕，又其去也速，則斷無久淹在齊達於七年之久之事。胡氏書編列魯昭公二十五年孔子三十五至齊，魯昭公三十一年孔子年四十一去齊反魯，前後共七年，其誤顯然。

孟子語最費研討者，為「未嘗有所終三年淹」一語。胡舜陟序謂：「孔子去魯凡十三年，適衛者五，適陳、適蔡者再，適曹、適宋、適鄭、適葉、適楚者一，而復自衛反魯。」此據史記孔子世家，而實為孟子「未嘗終三年淹」一語所誤。實則孟子語當通讀其上下文，乃指孔子之出仕而言。其先在衛當逾四年，而受祿出仕則不足三年。其在陳亦逾三年，其受祿出仕亦當不足三年。及其再反衛亦滯留逾四年，其受祿而仕果亦不出三年與否，今已不可詳定。豈其於衛孝公僅「公養之仕」，雖亦受祿，與靈公時「際可之仕」不同，故孟子「未嘗終三年淹」之語，獨於其仕衛孝公不嚴格繩之乎！至於適葉、適楚乃屬一事，而胡氏書亦分別編年，其誤更不必辨。

要之，胡氏書僅知稱引，逐年編列，無考訂，無闡發，牽合穿鑿，一若全成定論，使讀其書者全不見有問題曲折之所在。此其所以採摭雖勤，縱若審慎，果以後起之著述繩之，終為相差猶遠也。

附錄二　讀崔述洙泗考信錄

考證之學，自宋以後，日精日密，迄於清而大盛。其成績超邁前人。有關討論孔子生平歷年行事者亦日詳日備。清初負盛名有崔述東壁洙泗考信錄五卷，歷考孔子終身之事而次第釐正之，附之以辨。又為洙泗考信餘錄三卷，一一兼考孔門諸弟子，以與孔子行事相闡發。其精密詳備，並為後起者所莫能及。迄於近代，盛推清儒考據，而東壁遺書幾於一時人手一編。然余讀其書，亦多疑古太甚，駁辨太刻之類。其遍疑羣書猶可，至於疑及論語，則考論孔子生平行事，乃無可奉一書以為之折衷，亦惟折衷於作者一人之私見，斯其流弊乃甚大。玆篇摘舉數例，以糾其失。非於崔氏爭短長，乃為治考證之學者提出一可值注意之商榷耳。

史記孔子世家：「防叔生伯夏，伯夏生叔梁紇。」崔氏曰：

此文或有所本，未敢決其必不然。然史記之誣者十七八，而此文又不見他經傳，亦未敢決其必然，故附次於備覽。

今按：此考孔子先世。伯夏其人無所表現，宜其不見於其他之經傳。然史記若無所本，何為於防叔與叔梁紇之間特加此一世？史記之誣誠不少，然乃誤於其所本，非無本而僞造也。全部史記中，不見其他古籍者多矣，若以崔氏此意繩之，則史記將成為不可讀。今考孔子生平行事，其先世如伯夏，無大關係，略而不論可也。而崔氏竟因此旁涉及史記，謂其所載「未敢決其必不然」，又「未敢決其必然」，此其疑古太猛，有害於稽古求是者之心胸，故特舉此以為例。

又史記孔子世家：「孔子生魯昌平鄉陬邑。」崔氏亦以入備覽。此亦因其所載未見他書，故未敢決其必然。與前例之意同。則豈司馬遷之為史記，果慣為僞造乎？苟有堅強反證，雖其事屢見，亦屬可疑。如無反證，即屬單文獨出，亦不必即此生疑。又何況其在古籍，烏得事事必求其同見他書？此皆崔氏疑古太猛之心病。

孔子世家又云：「禱於尼丘，得孔子，生而首上圩頂，故因名曰丘，字仲尼。」崔氏說之曰：

此說似因孔子之名字而附會之者，不足信。且既謂之因於禱，又謂之因於首，司馬氏已自無定見矣。今不錄。

此又較入備覽者加深一層疑之。然若魯邦確有尼丘，則因禱之說不便輕疑。又若孔子首確是圩頂，則因首之說亦不用輕疑。司馬遷博采前說而兩存之，其果兩有可信否？抑一可信而一不可信乎？不可無證而輕斷。崔氏疑古太猛，將使讀古書者以輕心掉之，而又輕於下斷，病不在前人之書，特在治考證者之輕心，此又不可不知也。然而崔氏此書，材料之搜羅不厭瑣碎，考辨之嚴格又纖屑不苟，其長處正可於短處推見。此則待讀者之善於分別而觀，勿懸一節以概之可也。

論語微子篇：「齊景公待孔子，曰：『若季氏，則吾不能，以季、孟之閒待之。』曰：『吾老矣，不能用也。』孔子行。」崔氏列此章於存疑，辨之曰：

孟子但言「去齊，接淅而行」，未嘗言其何故。獨論語微子篇載齊景公之言云云。然考其時勢，若有不符者。孔子在昭公世未為大夫，班尚卑，望尚輕，景公非能深知聖人者，何故卽思以上卿待之？而云「若季氏則吾不能」也。景公是時年僅四十五歲，後復在位二十餘年，歲會諸侯，賞戰士，與晉爭霸，亦不當云「老不能用」也。微子一篇，本非孔氏遺書，其中篇殘簡斷，語多不倫，吾未敢決其必然。姑存之於「接淅而行」之後，以俟夫好古之士考焉。

今按：孔子去齊之時，已離委吏、乘田之職，開門授徒，從學者四方而至，不得謂之「班尚卑，望尚輕」。景公初見，問以為政之道，而知欽重，欲尊以高位，賜以厚祿，此非必不可有之事。繼則或受讒閒，或自生退轉，持意不堅，此正崔氏所謂「非能深知聖人」也。其曰「吾老矣，不能用」，或出推託之辭，或自慚不足以行孔子之大道，僅知會諸侯，爭伯位，明非孔子之所欲望於時君者。微子篇所載景公兩語，絕不見有可疑之迹。若僅考景公年歲，則是據歐陽修之年齡而疑醉翁亭記之不可信也。有是理乎？

而其「微子一篇本非孔氏遺書」一語，更須商討。余之論語新解本朱子意說此篇有云：「此篇多記仁賢之出處，列於論語之將終，蓋以見孔子之道不行，而明其出處之義也。」又曰：「本篇孔子於三仁、逸民、師摯八樂官，皆讚揚而品列之。於接輿、沮溺、荷蓧丈人，皆惓惓有接引之意。蓋維持世道者在人，世衰而思人益切也。本篇末章特記八士集於一家，產於一母，祥和所鍾，瑋才蔚起；編者附諸此，思其盛，亦所以感其衰也。」則又烏見所謂篇殘而簡斷者。崔氏又曰：「此篇記古人言行，不似出於孔氏門人之手。」是不瞭於本篇編撰之意而輕疑也。崔氏又於接輿、沮溺、荷蓧三章皆列存疑。子路之告荷蓧丈人有曰：「君子之仕也，行其義也。道之不行，已知之矣。」此即晨門所謂「知其不可而為之」也。崔氏則曰：「分行義與行道為二，於理亦係未安。」此則失於考證，亦遂失於義理，其所失為大矣。崔氏並不能詳舉微子篇本非孔子遺書之明確證據，遂輕率武斷「齊景公待孔子」章與接輿、沮溺、荷蓧三章為可疑。然即謂此四章可疑，以證微子篇之可疑，此乃循環自相為證，皆空證，非實證也。

論語陽貨篇：「公山弗擾以費畔，召，子欲往。子路不說，曰：『末之也已，何必公山氏之之也？』子曰：『夫召我者而豈徒哉？如有用我者，吾其為東周乎！』」崔氏於此章備極疑辨之辭，此不詳引而引其最要者，曰：

左傳：費之叛在定公十二年夏。是時孔子方為魯司寇，聽國政。弗擾，季氏之家臣耳，何敢來召孔子？孔子方輔定公以行周公之道，乃棄國君而佐叛夫，舍方興之業而圖未成之事，豈近於人情耶？史記亦知其不合，故移費之叛於定公九年。史記既移費叛於九年，又採此文於十三年，不亦先後矛盾矣乎？

今按：余論語新解辨其事有曰：「弗擾之召，當在定公八年。陽貨入讙陽關以叛，其時弗擾已為費宰，陰觀成敗，雖叛形未露，然據費而遙為陽貨之聲援，即叛也，故論語以叛書。時孔子尚未仕。弗擾為人與陽貨有不同，即見於左傳者可知。其召孔子，當有一番說辭。或孔子認為事有可為，故有欲往之意。」若如余新解所釋，孔子欲往，何足深疑？論語之文簡質，正貴讀者就當時情事善作分解，不貴於絕不可信處放言濫辨。且史記已移弗擾叛在定公九年，其事亦本之左傳；論語此章，史記又載於定公之十三年；此正史記之疏。崔氏不深辨，而辭鋒一向於論語之不可信，此誠崔氏疑古之太猛耳。

崔氏又曰：

然則論語亦有誤乎？曰：有。漢書藝文志云：「論語古二十一篇出孔子壁中。齊二十二篇多問王、知道。魯二十篇。」何晏集解序云：「齊二十二篇，其二十篇中章句頗多於魯論」。是齊論與魯論互異。漢書張禹傳云：「始魯扶卿及夏侯勝、王陽、蕭望之、韋玄成皆說論語，篇第或異。」是魯論中亦自互異。果孔門之原本，何以彼此互異？其有後人之所增入明甚。蓋諸本所同者，必當日之本。其此有彼無者，乃傳經者續得之於他書而增入之者也。是以季氏以下諸篇，文體與前十五篇不類。其中或稱孔子，或稱仲尼，名稱亦別。而每篇之末，亦間有一二章與篇中語不類者。非後人有所續入而何以如是？

今按：崔氏此處辨論語，當分兩端論之。一則謂古論、齊論、魯論章句篇第有異，一則謂季氏以下五篇文體與前十五篇不類。此屬兩事，而崔文混言之，則非矣。余五十年前舊著論語要略，第一章序說論語之編輯者及其年代，其中頗多採崔氏之說。越後讀書愈多，考辨愈謹，乃知讀論語貴能逐章逐句細辨；有當會通孔子生平之學說行事而定，有當會通先秦諸事之離合異同而定。乃知論語中亦間有可疑，然斷不能如崔氏之辨之汗漫而籠統。及四十年後著新解，乃與四十年前著要略，自謂稍稍獲得有進步。乃能擺脫崔氏之牢籠，不敢如崔氏疑古之猛，務求斟酌會通以定於一是。故去年為孔子傳，較之要略第二章孔子之事蹟，取捨從違之間亦復多異。讀者能加以比觀，其中得失自顯，今亦不煩於崔氏書多加駁辨。

論語雍也篇「子見南子」章，崔氏據孔安國注辨其可疑。余之孔子傳對此事已詳加分析，此不再論。惟崔氏又因此章疑及論語之他章，其言曰：

此章在雍也篇末，其後僅兩章。篇中所記雖多醇粹，然諸篇之末，往往有一二章不相類者。鄉黨篇末有色舉章，先進篇末有侍坐章，季氏篇末有景公邦君章，微子篇末有周公八士章。意旨文體，皆與篇中不倫，而語亦或殘缺。皆似斷簡，後人之所續入。蓋當其初，篇皆別行，傳之者各附其所續得於篇末。且論語記孔子事皆稱「子」，惟此章及侍坐、羿奡、武城三章稱「夫子」，亦其可疑者。然則此下三章，蓋後人采他書之文附之篇末，而未暇別其醇疵者。其事固未必有，不必曲為之解也。

此所牽涉甚遠。即如微子篇末「周有八士」章，余之新解有說，已詳上引，可不論。且此章並不在篇末，乃並此下兩章而疑之。其一為「中庸之為德也」章，又一為「子貢曰如有博施於民」章，崔氏不能就此兩章一一辨其為斷簡續入，又不能一一辨其為有疵不醇，何得因「子見南子」章而牽連及之？又先進篇末之侍坐章，究竟其可疑處何在？其疵而不醇處又何在？乃亦因其在篇末而疑之。又因其與此章同用「夫子」字而並疑之。又牽連及於憲問篇「南宮适問於孔子」章，雍也篇「子游為武城宰」章而並疑之。是亦過矣。竊謂此諸章當一一分別探究其可疑何在，其有疵而不醇者何在，不得專以用有「夫子」二字而一併生疑也。

論語陽貨篇：「佛肸召，子欲往，子路曰：『昔者由也聞諸夫子，曰：「親於其身為不善者，君子不入也。」佛肸以中牟叛，子之往也，如之何？』子曰：『然！有是言也。不曰堅乎，磨而不磷，不曰白乎，涅而不緇。吾豈匏瓜也哉？豈能繫而不食！』」崔氏又詳辨之，其要曰：

> 佛肸之叛，乃趙襄子時事。韓詩外傳云：「趙簡子薨，未葬，而中牟畔之。葬五日，襄子興師而次之。」新序云：「趙之中牟畔，趙襄子率師伐之，遂滅知氏。」列女傳亦以為襄子。襄子立於魯哀公之二十年，孔子卒已五年，佛肸安得有召孔子事？左傳定公十三年，齊荀寅、士吉射奔朝歌。哀三年，趙鞅圍朝歌，荀寅奔邯鄲。四年圍邯鄲，邯鄲降，齊國夏納荀寅於柏人。五年春，圍柏人，荀寅、士吉射奔齊。夏，趙鞅圍中牟。然則此四邑者，皆荀寅趙稷等之邑，故趙鞅以漸圍而取之。當魯定公十四五年孔子在衞之時，中牟方為范、中行氏之地，佛肸又安得據之以畔趙氏？

今按：據左傳定公十三年秋，范氏、中行氏與趙氏始啟爭端。是年冬，荀寅、士吉射奔朝歌。時中牟尚為范氏邑。其邑宰佛肸，或欲助范、中行氏拒趙氏而未果。其召孔子，正可在定公之十四年。此與公山弗擾之召同一情形。惟論語文辭簡質，謂二人之以費叛、以中牟叛，乃指其存心，非指其實迹。本無可疑。讀古書遇難解處，先當盡可能別求他解，諸解均不可通，乃作疑辨。論語此兩處，惟當解作意欲以費叛、中牟叛卽得。而崔氏輕肆疑辨，則亦有故。崔氏又言之，曰：

凡「夫子」云者，稱甲於乙之詞，春秋傳皆然。至孟子時，始稱甲於甲而亦曰夫子，故子禽子貢相與稱孔子曰夫子。顏淵子貢自稱孔子亦曰夫子，蓋亦與他人言之也。稱於孔子之前則曰「子」，不曰「夫子」。稱於孔子之前而亦曰夫子，惟侍坐、武城兩章及此章。蓋皆戰國時人所僞撰，非門人弟子所記。

今按：此可謂孔門弟子已有面稱孔子曰夫子者。亦可謂今傳論語各章文字，有文體前後稍不同者。或可說論語中面稱孔子曰夫子，其文體皆較晚。不得徑以此疑諸章乃僞撰。諸章之為僞撰與否，當另有他證定之，不得卽據有「夫子」兩字為判。

崔氏又曰：

論語者，非孔子門人所作，亦非一人所作也。曾子於門人中年最少，而論語記其疾革之言，且稱孟敬子之謚。則是敬子已沒之後乃記此篇。雖回、賜之門人，亦恐無有在者矣。季氏一篇俱稱孔子，與他篇不同。蓋其初各記所聞，篇皆別行，其後齊魯諸儒始輯而合之。其識不無高下之殊，則其所採，亦不能無純駁之異者，勢也。

今按：此條語較少病。然僅當云論語非盡孔子門人所記，亦非一人一時所記，則為允矣。惟論語成書，經諸儒一番論定，其輯合之時間雖較晚，其所保存之文體，猶不失最先當時之眞相，則論語實為一謹嚴之書。崔氏之辨，固多有陷於輕率者，此則讀崔氏書者所當審細分別也。

附錄三　讀江永鄉黨圖考

清儒考論孔子事蹟，自崔述洙泗考信錄之後，有江永鄉黨圖考，其首卷亦備論孔子生平歷年行事，自先世迄於其卒，略如崔氏之書。而文辭簡質，立論謹慎，不如崔氏之博辨，而所失亦較少。如其叙公山不狃之召，曰：「不狃與陽貨共謀去三桓，故論語以為畔，其實未嘗據邑興兵也。」言簡情覈，較崔氏所辨遠勝。其叙佛肸事，據引史記世家，曰：「佛肸為中牟宰，趙簡子攻范、中行氏，伐中牟，佛肸畔，使人召孔子」云云，明其事在趙簡子時。崔氏必謂其事在趙襄子時，雖據左傳，然無以必見史記之為誤。因欲必定史記之誤，乃連帶疑及論語。此亦不如江氏書之不失謹慎之意。又江氏書博采同時稍前他人之說不為人所注意者，其用心良寬良苦；然其間亦尚有得有失。姑拈兩事為例。

其一，檀弓有云：「孔子少孤，不知其墓，殯於五父之衢。人之見之者，皆以為葬也。其慎也，蓋殯也。問於郰曼父之母，然後得合葬於防。」江氏說之曰：

此章為後世大疑。本非記者之失，由讀者不得其句讀文法而誤。近世高郵孫邃人濩孫著檀弓論文，謂「不知其墓殯於五父之衢」十字當連讀為句。「蓋殯也」，「問於郰曼父之母」兩句為倒句。甚有理。蓋古人埋棺於坎為殯，殯淺而葬深。孔子父墓，實淺葬於五父之衢。因少孤不得其詳，不惟孔子之家以為已葬，卽道旁見之者亦皆以為已葬。至是母卒，欲從周人合葬之禮，卜兆於防，惟以父墓淺深為疑。如其殯而淺也，則可啟而遷之。若其葬而深也，則疑於體魄已安，不可輕動。其愼也。蓋謂夫子再三審愼，不敢輕啟父墓也。後乃知其果為殯而非葬，由問於郰曼父之母而知之。蓋唯郰曼父之母，能道其殯之詳，是以信其言，啟殯而合葬於防。「蓋殯也」，當在「問於郰曼父之母」句下，因屬文欲作倒句，取曲折故置在上。如此讀之，可為聖人釋疑，有裨禮經者不淺。

江氏此條，頗受後人信從，朱彬禮記訓纂亦采之。然覈之檀弓之文理，參以當時之情事，江氏之說，兩覺未允。果如其說，應云不知其父墓在五父之衢者為殯，乃明其所欲辨者之為「殯」與「葬」。今云「不知其墓殯於五父之衢」，則所不知者似乃其墓地之何在。且殯與葬乃成墓以前事，墓則殯與葬以後事，故「墓殯」、「墓葬」皆不得二字連用。且叔梁紇在當時亦一大夫，其卒，何為殯而不葬？迄於孔子母死，已及二十年之久。此仍無說可解。及孔子母卒，孔子欲其與父合葬，既不先知其父葬之深淺，與其可以遷動與否，則又何為為其母先卜兆於防？此亦無說可通。前人所疑，特疑孔子聖人，何以不知其父葬處。然檀弓又引孔子之言曰：「吾聞之，古也墓而不墳。今丘也，東西南北之人也，不可以弗識。」既其墓不覆土為墳，自不易識別，此自無足深疑。讀古書苟有疑，當儘可能先求種種之解釋，不當徑棄其所疑之本書，而別引他書以為説。如崔氏疑論語佛肸事，即據左傳棄論語；不知為論語別作一解，則論語、左傳皆可通。江氏此條仍本檀弓本文，與崔氏取徑不同，而強為他解，乃不知其較之舊解為更無當。可知考古辨僞之事非不當有，貴能本之於審慎之心情，衡之以宏通之識見，固非輕疑好辨之所能勝任也。

又一事云：

按年譜：哀公十年，夫人开官氏卒。昔人因檀弓記伯魚之母死，期而猶哭，夫子謂其已甚，因謂孔子出妻。近世豐城甘駁麟紱著四書類典賦辨其無此事云。檀弓載門人問子思曰：「子之先君子喪出母乎？」此殆指夫子之於施氏而言，非謂伯魚之於开官也。初，叔梁公娶施氏，生九女，無子，此正所謂無子當出者。家語後序所謂「叔梁公始出妻」是也。此説甚有理。施氏無子而出，乃求婚於顏氏，事當有之。其後施氏卒，夫子為之服期，蓋少時事。門人之問明云：「子之先君子喪出母。」是謂夫子自喪出母，非謂令伯魚為出母服也。子思云：「昔者吾先君子無所失道，道隆則從而隆。」此語尤可見孔子雖有兄孟皮，妾母所生，則孔子實為父後之子。在禮，為父後者為出母無服。聖人以義處禮，父既不在，施氏非有他故，不幸無子而出，實為可傷，故寧從其隆而為之服。設有他故被出，則當從其汚，不為之服矣。所謂「無所失道」者也。若伯魚之母死，當守父在為母期之禮，過期當除，故抑其過而止之，何得誣為喪出母也！

甘氏說有功聖門，特表出之，並補其所未盡之說。

江氏善言禮，此條辨叔梁紇出妻，孔子非有出妻之事，雖引據甚簡，又皆片言隻辭，而加以會通，為之說明，破後代之訛說，發古人之眞相；考據疑辨之功，亦何可廢。眞積力久而用功深，自可犂然有當於人心，如江氏此條是也。

江氏之後，清儒考據之業日盛。然考孔子生平歷年行事者，或據論語，或本左傳，或辨史記，率皆逐句逐條疑之辨之，解之釋之；求其綜合終始而備為之說，如崔氏、江氏之書者則尠。間亦有之，然皆不得與崔氏、江氏書媲美。今亦不再縷陳。其逐條逐句作為疑辨解釋者，雖亦精義絡繹，美不勝收。然或則各持一偏，或則相與牴牾。今欲會通眾說，歸於條貫，汰非存是，勒為定論，以為孔子作一新傳，其事亦甚不易。抑且漢、宋門戶之見愈演愈烈，義理、考據一分不可復合，既為識趣所限，能考孔子之事，乃不能傳孔子其人，此尤為病之大者。竊不自揆，最近作為孔子傳一書，抑有其意，亦未必能盡副其意之所欲至。姑舉胡氏、崔氏、江氏三人之書而略論之，非欲進退前人，乃庶使讀吾書者，知其取捨從違之所在，知其輕重緩急之所生。知其薈粹羣言，而未嘗無孤見獨出之明。知其自本己意，而未嘗無博采兼綜之勞。特以補我自序己書之所未盡。若謂吾書出而自宋以來一千年諸家述作考辨皆可擱置一旁，則斷斷非吾意之所存也。

附錄四　舊作孔子傳略①

孔子生魯昌平鄉陬邑。其先宋微子之後。宋襄公生弗父何，以讓弟厲公。弗父何生宋父周，周生世子勝，勝生正考父，考父生孔父嘉。五世親盡，別為公族，姓孔氏。孔父生子木金父，金父生睪夷，睪夷生防叔，畏華氏之逼而奔魯。②防叔生伯夏，伯夏生叔梁紇。梁紇娶魯之施氏，生九女。其妾生孟皮，孟皮病足，乃求婚於顏氏。顏氏女徵在從父命為婚，③梁紇老而徵在少，時人謂之野合。④禱於尼丘，得孔子。故孔子為魯人。

① 本篇全據史記孔子世家，而略有刪正，乃十餘年前舊稿。近撰孔子傳，詳略不同，又細微處續有改定，當從近撰。

② 以上敍孔子先世，據索隱引家語增入。

③ 以上叔梁紇娶魯施氏以下，據索隱引家語增入。

④ 索隱云：「野合者，謂梁紇老而徵在少，非當壯室初笄之禮，故云野合，謂不合禮儀。」正義云：「男子八八六十四陽道絕，女子七七四十九陰道絕，婚姻過此者皆為野合。據此梁紇婚過六十四矣。」

魯襄公二十二年孔子生，⑤生而頂如反宇，中低而四旁高，故因名曰丘云，字仲尼。丘生三歲⑥而叔梁紇死，葬於魯東之防山。其母未以告，故孔子疑其父墓處。母死，乃殯五父之衢，蓋其慎也。郰人輓父之母誨孔子父墓，然後往，合葬於防焉。

孔子為兒嬉戲，常陳俎豆，設禮容。及長，貧且賤。嘗為委吏，料量平，會計當。嘗為乘田，牛羊茁壯，畜蕃息。孔子長九尺六寸，人皆謂之長人而異之。以知禮名。魯大夫孟釐子，病不能相禮，乃講學之，及其將死，誡其二子曰：「孔丘，聖人之後，滅於宋。其祖弗父何，以嗣有宋而讓厲公。及正考父，佐戴、武、宣公，三命茲益恭，故鼎銘云：『一命而僂，再命而傴，三命而俯，循牆而走，亦莫敢余侮。饘於是，粥於是，以餬余口。』其恭如是。吾聞聖人之後，雖不當世，必有達者。今孔丘年少好禮，其達者歟？吾卽沒，若必師之。」及釐子卒，孔子年三十四矣，⑦孟懿子、南宮敬叔往學禮焉。⑧弟子稍益進。

是時也，晉平公淫，六卿擅權，東伐諸侯。楚兵彊，陵轢中國。齊大而近於魯。魯小弱，附於楚

---

⑤ 公羊傳襄二十一年十一月庚子孔子生，此從史記。

⑥ 據索隱引家語。

⑦ 按史記本文孔子年十七，魯大夫孟釐子病且死。又云：是歲季武子卒，平子代立。皆誤。今據左傳改正，說詳先秦諸子繫年卷一。

⑧ 此下有「南宮敬叔與孔子適周問禮見老子」一節，今刪。說詳先秦諸子繫年。

則晉怒，附於晉則楚來伐；不備於齊，齊師侵魯。⑨魯昭公之二十五年，而季平子與郈昭伯以鬬鷄故得罪昭公，昭公率師擊平子，平子與孟氏、叔孫氏三家共攻昭公。昭公師敗，奔於齊。時孔子年三十五，魯亂，遂適齊，為高昭子家臣。聞韶樂，樂之，三月不知食味。齊人稱之。景公問政於孔子，孔子曰：「君君，臣臣，父父，子子。」時陳恒制齊，故孔子以此對。景公曰：「善哉！信如君不君，臣不臣，父不父，子不子，雖有粟，吾豈得而食諸！」他日，又復問政於孔子，孔子曰：「政在節財。」景公說，欲以尼谿田封孔子，齊人或讒之。⑩後景公敬見孔子，不問其禮。異日，景公止孔子，曰：「奉子以季氏，吾不能，以季、孟之間待之。」又曰：「吾老矣，弗能用也。」齊大夫欲害孔子，孔子遂行，反乎魯。

孔子年四十二，魯昭公卒於乾侯，定公立。定公五年夏，季平子卒，桓子嗣立。⑪桓子嬖臣曰仲梁懷，與陽虎有隙，陽虎欲逐懷，公山不狃止之。其秋，懷益驕，陽虎執懷，桓子怒，陽虎因囚桓子，與盟而醳之。陽虎由此益輕季氏。季氏亦僭於公室，陪臣執國政，是以魯自大夫以下皆僭，離於正道。故孔子不仕，退而修詩書禮樂，弟子彌眾，至自遠方，莫不受業焉。陽虎欲見孔子，孔子不見，陽虎瞰孔子之亡而饋孔子豚。禮，大夫有賜於士，不得受於其家，則往拜其門。孔子遂亦時其亡

---

⑨ 此下有「齊景公與晏嬰來適魯見孔子」一節，今刪，說詳先秦諸子繫年。

⑩ 此處原文有「晏嬰曰」一大節，今刪，說詳先秦諸子繫年。

⑪ 此下有「季桓子穿井得土缶」、「吳伐越墮會稽得骨節專車」兩節，均刪。

也而往拜之。遇諸塗，謂孔子曰：「來！予與爾言。」曰：「懷其寶而迷其邦，可謂仁乎？」曰：「不可。」「好從事而亟失時，可謂知乎？」曰：「不可。」「日月逝矣，歲不我與。」孔子曰：「諾，我將仕矣。」⑫

定公八年，公山不狃不得意於季氏，欲因陽虎共廢三桓之適，更立其庶孽為陽虎所素善者。使人召孔子。孔子循道彌久，溫溫無所試，莫能己用，欲往。子路不說，止孔子。孔子曰：「夫召我者而豈徒哉？如有用我者，我其為東周乎！」然亦卒不行。其後陽虎敗，奔齊，定公以孔子為中都宰，時孔子年五十一。一年，四方皆則之，由中都宰為司空，由司空為司寇。定公十年春，及齊平。夏，齊大夫犂鉏言於景公，曰：「魯用孔丘，其勢危齊。」乃使使告魯，為好會，會於夾谷。定公且以乘車好往。孔子攝相事，曰：「臣聞有文事者必有武備，有武事者必有文備。古者諸侯出疆，必具官以從，請具左右司馬。」公曰：「諾。」具左右司馬。犂彌曰：「孔丘知禮而無勇，若使萊人以兵劫魯侯，必得志焉。」齊侯從之。為壇位，土階三等，以會遇之禮相見，揖讓而登。獻酬之禮畢，齊有司趨而進，曰：「請奏四方之樂！」景公曰：「諾。」於是萊人旍旄羽祓，矛戟劍撥，鼓噪而至。孔子趨而進，歷階而登，不盡一等，舉袂而言曰：「吾兩君為好會，夷狄之樂，何為於此？請命有司！」景公心怍，遽辟之。將盟，齊人加於載書，曰：「齊師出境，而不以甲車三百乘從我者，有如此盟。」孔

---

⑫ 本節據論語增入。

子使茲無還揖對曰：「而不返我汶陽之田，吾以共命者，亦如之。」於是齊侯乃歸所侵魯之鄆、汶陽、龜陰之田。⑬

定公十二年，侯犯以郈叛，敗奔齊。⑭孔子曰：「臣無藏甲，大夫無百雉之城。陪臣執國命，采長數叛者，坐邑有城池之固，家有甲兵之藏故也。」⑮使仲由為季氏宰，將墮三都。叔孫氏先墮郈。季氏將墮費，公山不狃、叔孫輒率費人襲魯。公與三子入於季氏之宮，登武子之臺。費人攻之，弗克。入及公側。孔子命申句須、樂頎下伐之，費人北。國人追之，敗諸姑蔑。二子奔齊，遂墮費。將墮成，成宰公斂處父謂孟孫曰：「墮成，齊人必至於北門。且成，孟氏之保障，無成，是無孟氏也。我將弗墮。」十二月，公圍成，弗克。⑯

孔子與聞國政三月，粥羔豚者弗飾賈，男女行者別於塗，塗不拾遺，四方之客至乎邑者如歸。齊人聞而懼，曰：「孔子為政必霸，霸則吾地近焉，為之先并矣。盍致地焉！」犁鉏曰：「請先嘗沮之。沮之而不可則致地，庸遲乎！」於是選齊國中女子好者八十人，皆衣文衣而舞康樂，文馬三十駟，遺魯君。陳女樂文馬於魯城南高門外。季桓子微服往觀，再三，將受，乃語魯君為周道游，往觀終日，

---

⑬ 本節參左傳，刪「誅侏儒」一節，說詳先秦諸子繫年。

⑭ 原文云定公十三年，誤。侯犯之叛，據左傳增。

⑮ 此數語據公羊注增。

⑯ 此下有「誅魯大夫亂政者少正卯」一節，刪，說詳先秦諸子繫年。

怠於政事。子路曰：「夫子可以行矣！」孔子曰：「姑徐乎！」⑰桓子卒受齊女樂，三日不聽政。定公十三年春，郊，不致膰俎於大夫。孔子曰：「我可以行矣。」是歲孔子年五十五，遂去魯，行宿乎屯。而師己送之，曰：「夫子則非罪。」孔子曰：「吾歌可夫！」歌曰：「彼婦之口，可以出走。彼婦之謁，可以死敗。蓋優哉游哉，維以卒歲！」師己反，桓子曰：「孔子亦何言？」師己以實告。桓子喟然嘆曰：「夫子罪我以羣婢故也夫！」

孔子遂適衛，主於顏讎由。衛靈公問孔子居魯得祿幾何？對曰：「奉粟六萬。」衛人亦致粟六萬。⑱靈公夫人有南子者，使人謂孔子曰：「四方之君子，不辱，欲與寡君為兄弟者，必見寡小君。寡小君願見。」孔子辭謝，不得已而見之。夫人在絺帷中。孔子入門，北面稽首，夫人自帷中再拜，環佩玉聲璆然。孔子曰：「吾鄉為弗見，見之，禮答焉。」子路不說，孔子矢之，曰：「予所不者，天厭之，天厭之。」⑲

孔子居衛，過蒲，⑳會公叔氏以蒲叛，蒲人止孔子。孔子弟子有公良孺者，以私車五乘從，其為

---

⑰ 原文孔子曰：「魯今且郊，如致膰乎大夫，則吾猶可以止。」此蓋據孟子而誤會其義，今酌易之。

⑱ 此下有「或譖孔子於衛靈公，孔子適陳過匡」一節，又「使從者為甯武子家臣而過蒲」一節，皆刪。

⑲ 此下有「靈公與夫人同車，孔子為次乘，招搖過市」一節，刪。又「過宋，司馬桓魋欲殺孔子」一節移後。又「適鄭，獨立郭東門」一節刪。又「適陳」一節移後，「有隼集於陳廷」一節刪。又「還息陬鄉作陬操」一節刪。

⑳ 原文作孔子去陳過蒲，今正。

人長賢有勇力，鬭甚疾；蒲人懼，謂孔子曰：「苟毋適衛，吾出子。」與之盟，出孔子東門，孔子遂適衛。子貢曰：「盟可負耶？」孔子曰：「要盟也，神不聽。」㉑衛靈公聞孔子來，喜，郊迎，問曰：「蒲可伐乎？」對曰：「可。」靈公曰：「吾大夫以為不可。今蒲，衛之所以待晉也。以衛伐之，無乃不可乎？」孔子曰：「其男子有死之志，婦人有保西河之志，吾所伐者，不過四五人。」靈公曰：「善！」然不伐蒲。靈公老，怠於政，不用孔子。孔子喟然歎曰：「苟有用我者，朞月而已可也，三年有成。」孔子擊磬，有荷蕢而過門者，曰：「有心哉擊磬乎！」既而，曰：「鄙哉硜硜乎！莫己知也，斯已而已矣。」㉒

魯哀公二年，㉓夏，衛靈公卒，衛人立靈公孫輒，是為出公。六月，晉趙鞅內衛靈公太子蒯聵於戚。陽虎使太子絻，八人衰絰，僞自衛迎者，哭而入，遂居焉。衛人拒之。冉有曰：「夫子為衛君乎？」㉔子貢曰：「諾！吾將問之。」入曰：「伯夷、叔齊何人也？」曰：「古之賢人也。」曰：「怨乎？」曰：「求仁而得仁，又何怨？」出，曰：「夫子不為也。」是年孔子去衛。佛肸㉕為中牟宰，使

㉑ 孔子過蒲，不見於論語，史文必有本而誤分為兩過蒲。今姑參其年代地理，並兩事為一而存之。惟事當在初適衛時，史記敘在後，仍誤。此姑仍之。下文有「孔子將西見趙簡子」一節刪，說詳先秦諸子繫年。

㉒ 此下有「孔子學鼓琴師襄子」一節刪。

㉓ 原文孔子行在衛靈公卒前，今正，說詳先秦諸子繫年。

㉔ 此節據論語增。說詳先秦諸子繫年。

㉕ 佛肸之事見於論語，必有本。惟孔子曰：「不曰堅乎，不曰白乎。」堅白兼舉，似戰國晚出人語。姑志此疑。

人召孔子，孔子欲往。子路曰：「由聞諸夫子，其身親為不善者，君子不入也。今佛肸親以中牟叛，子欲往，如之何？」孔子曰：「有是言也。不曰堅乎，磨而不磷。不曰白乎，涅而不緇。我豈匏瓜也哉？焉能繫而不食！」然孔子終不去晉。乃過曹，又過宋，與弟子習禮大樹下。宋司馬桓魋欲殺孔子，使人往，孔子已行，拔其樹。弟子曰：「可以速矣！」孔子曰：「天生德於予，桓魋其如予何！」㉖過鄭，遂至陳，主於司城貞子家。㉗

魯哀公三年，夏，魯桓釐廟燔，南宮敬叔救火。孔子在陳聞之，曰：「災必於桓釐廟乎？」已而果然。秋，季桓子病，輦而見魯城，喟然嘆曰：「昔此國幾興矣，以吾獲罪於孔子，故不興也。」顧謂其嗣康子曰：「我卽死，若必相魯，相魯必召仲尼！」後數日，桓子卒，康子代立。已葬，欲召仲尼。公之魚曰：「昔吾先君用之不終，終為諸侯笑。今又用之，不能終，是再為諸侯笑。」康子曰：「則誰召而可？」曰：「必召冉求。」於是使使召冉求。冉求將行，孔子曰：「魯人召求，非小用之，將大用之也。」是日，孔子曰：「歸乎！歸乎！吾黨之小子狂簡，斐然成章，吾不知所以裁之。」㉘子貢知孔子思歸，送冉求，因誡曰：「卽用，以孔子為招。」云。

㉖ 論語亦云「子畏於匡」，或係「孔子過蒲」一事之譌，或係「微服過宋」之譌，二者必居一焉，今既著過蒲一事，又著過宋事，而沒其畏匡焉，說詳先秦諸子繫年。

㉗ 原文孔子於衛靈公時凡四去衛，再適陳，今皆改正，說詳先秦諸子繫年。

㉘ 原文孔子在陳歎「歸歟」凡兩見，此存其一。

冉求既去，明年，㉙蔡昭公將如吳，吳召之也。前昭公欺其臣遷州來，後將往，大夫懼復遷，公孫翩射殺昭公。楚侵蔡。葉公諸梁致蔡於負函。㉚明年秋，齊景公卒。明年，㉛吳伐陳，陳亂，孔子居陳三歲而去。㉜行絕糧，㉝從者病，莫能興，孔子講誦弦歌不衰。子路慍，見曰：「君子亦有窮乎？」孔子曰：「君子固窮，小人窮，斯濫矣。」㉞楚救陳，㉟昭王卒於城父。孔子自陳如負函，就葉公。㊱葉公問政，孔子曰：「政在來遠附邇。」他日，葉公問孔子於子路，子路不對，孔子聞之，曰：「由！爾何不對曰：其為人也，學道不倦，誨人不厭，發憤忘食，樂以忘憂，不知老之將至云爾。」楚狂接輿歌而過孔子，曰：「鳳兮鳳兮，何德之衰，往者不可諫，來者猶可追。已而已而！今之從政者殆而！」孔子下，欲與之言，趨而去，弗得與之言。於是孔子自楚反乎衛。是歲也，孔子年六十三，而魯哀公六年也。

㉙ 原文此年孔子自陳遷於蔡，今刪，說詳先秦諸子繫年。

㉚ 此據左傳增，說詳先秦諸子繫年。

㉛ 此處原文云孔子自蔡如葉，今刪，說詳先秦諸子繫年。

㉜ 原文孔子遷於蔡三歲，誤，今正，說詳先秦諸子繫年。

㉝ 原文作：「陳蔡用事大夫發徒役圍孔子於野，遂絕糧。」此不從，刪，說詳先秦諸子繫年。

㉞ 此下原文有「子貢色作」一節，有「匪兕匪虎率彼曠野」一節，「使子貢至楚，楚昭王興師迎孔子」一節，均刪。

㉟ 原文有「楚昭王欲以書社七百里封孔子」一節，今刪，說詳先秦諸子繫年。

㊱ 原文「孔子自蔡如葉」，又「孔子在陳蔡之間，楚使聘孔子」，分兩事，今正。說詳先秦諸子繫年。

長沮、桀溺耦而耕，㊲孔子使子路問津焉。長沮曰：「彼執輿者為誰？」子路曰：「為孔丘。」曰：「是魯孔丘與？」曰：「然。」曰：「是知津矣。」桀溺謂子路曰：「子為誰？」曰：「為仲由。」曰：「子孔丘之徒與？」曰：「然。」桀溺曰：「悠悠者，天下皆是也，而誰以易之？且與其從辟人之士，豈若從辟世之士哉！」耰而不輟。子路以告孔子，孔子憮然，曰：「鳥獸不可與同羣，天下有道，丘不與易也。」他日，子路行，遇荷蓧丈人，曰：「子見夫子乎？」丈人曰：「四體不勤，五穀不分，孰為夫子？」植其杖而芸。子路以告。孔子曰：「隱者也。」使復往，則亡矣。

其明年，吳與魯會繒，徵百牢。太宰嚭召季康子。時子貢反仕於魯，康子使子貢往，事得已。孔子曰：「魯、衛之政，兄弟也。」時衛君輒父不得立，在外，諸侯數以為讓，而孔子弟子多仕於衛，衛君欲得孔子為政。子路曰：「衛君待子而為政，子將奚先？」孔子曰：「必也正名乎！」子路曰：「有是哉，子之迂也！何其正？」孔子曰：「野哉由也！夫名不正則言不順，言不順則事不成，事不成則禮樂不興，禮樂不興則刑罰不中，刑罰不中，則民無所措手足。夫君子為之必可名也，言之必可行也。君子於其言，無所苟而已矣。」其明年，冉有為季氏將師與齊戰於郎，克之。季康子曰：「子之於軍旅，學之乎？性之乎？」冉有曰：「學之於孔子。」季康子曰：「我欲召孔子可乎？」對曰：

㊲「長沮桀溺」一節，「荷蓧丈人」一節，原文入之孔子去葉反蔡途中，誤。此兩事殆孔子自陳適楚時事，否則由楚反衛時事也。故繫之於此。

「欲召之，則毋以小人固之矣。」衛孔文子㊳將攻太叔，問策於孔子，孔子曰：「胡簋之事，則嘗學之矣。甲兵之事，未之聞也。」退命駕而行，曰：「鳥則擇木，木豈能擇鳥？」文子遽止之，曰：「圉豈敢度其私，訪衛國之難也。」孔子將止，會季康子逐公華、公賓、公林，以幣迎孔子，孔子遂歸魯。孔子之去魯，凡十四歲而反乎魯。

魯哀公問曰：「何為則民服？」孔子對曰：「舉直錯諸枉則民服，舉枉錯諸直，則民不服。」季康子問政，孔子對曰：「政者正也，子帥以正，孰敢不正？」季康子患盜，問於孔子，孔子對曰：「苟子之不欲，雖賞之不竊。」然魯終不能用孔子，孔子亦不求仕。時周室微而禮樂廢，詩書缺。孔子追迹三代之禮，序書傳，上自唐虞，㊴曰：「夏禮吾能言之，杞不足徵也。殷禮吾能言之，宋不足徵也。足則吾能徵之矣。」觀殷、夏所損益，曰：「後雖百世可知也。」一文一質，周監二代，曰：「郁郁乎文哉！吾從周。」故書傳、禮記自孔氏。孔子語魯太師：「樂其可知也。始作翕如，縱之純如，皦如，繹如也。以成。」曰：「吾自衛反魯，然後樂正，雅頌各得其所。」㊵三百五篇，孔子皆弦歌之，以求

㊳ 此據左傳增。論語衛靈公問陳，兩事相似，史記兩存之，今刪衛靈公問陳一節，說詳先秦諸子繫年。

㊴ 原文：「序書傳，上紀唐虞之際，下至秦繆，編次其事。」今酌正。

㊵ 此下原文有「古者詩三千餘篇」一節，今刪。

合韶、武、雅、頌之音，禮樂自此可得而述。㊶孔子以詩、書、禮、樂教，弟子通六藝者七十有二人，㊷如顏濁鄒之徒頗受業者甚眾。

子以四教，文行忠信。不憤不啟，舉一隅不以三隅反，則不復也。子絕四，毋意、毋必、毋固、毋我。所慎，齋、戰、疾。罕言利，與命與仁。其於鄉黨，恂恂似不能言者。其於宗廟朝廷，辯辯言，唯謹爾。朝與上大夫言，誾誾如也。與下大夫言，侃侃如也。入公門，鞠躬如也。趨進，翼如也。君召使儐，色勃如也。君命召，不俟駕而行。魚餒肉敗不食，割不正不食，席不正不坐。食於有喪者之側，未嘗飽也。是日哭，則不歌。見齊衰者，瞽者，雖童子必變。與人歌，善，則使復之，然後和之。不語怪力亂神。曰：「三人行，必有我師焉。」「德之不修，學之不講，聞義不能徙，不善不能改，是吾憂也。」子貢曰：「夫子之文章，可得而聞也。夫子之言性與天道，不可得而聞也已。」顏淵喟然嘆曰：「仰之彌高，鑽之彌堅，瞻之在前，忽焉在後。夫子循循然善誘人，博我以文，約我以禮。欲罷不能，既竭我才，如有所立卓爾。雖欲從之，末由也已！」達巷黨人曰：「大哉孔子，博學而無所成名。」子聞之，曰：「我何執？執御乎？執射乎？我執御矣。」牢曰：「子云：我不試，故藝。」

㊶ 此下原文有「孔子晚而喜易」一節，刪，說詳先秦諸子繫年。

㊷ 原文作：「弟子蓋三千，身通六藝者七十二人。」今酌正。

魯哀公十四年，春，狩大野。叔孫氏車子鉏商獲獸，以為不祥。孔子視之，曰：「麟也。」孔子曰：「河不出圖，雒不出書，吾已矣夫！」顏淵死，孔子曰：「天喪予。」及西狩見麟，曰：「吾道窮矣！」喟然嘆曰：「莫我知也夫！」子貢曰：「何為莫子知也？」孔子曰：「不怨天，不尤人，下學而上達，知我者其天乎！」「不降其志，不辱其身，伯夷、叔齊也。」謂：「柳下惠、少連，降志辱身矣！」謂：「虞仲、夷逸，隱居放言，行中清，廢中權。」「我則異於是，無可無不可。」子曰：「弗乎弗乎！君子病歿世而名不稱焉。吾道不行矣，吾何以自見於後世哉！」乃因魯史記，作春秋，上自隱公，下訖哀公十四年，十二公。㊸約其文辭而指博，故吳、楚之君自稱王，而春秋貶之曰「子」。踐土之會，實召周天子，而春秋諱之曰：「天王狩於河陽。」推此類以繩當世，貶損之義，後有王者舉而用之，春秋之義行，則天下亂臣賊子懼焉。弟子受春秋，孔子曰：「後世知丘者以春秋，而罪丘者亦以春秋。」明歲，子路死於衛。孔子病，子貢請見，孔子方負杖逍遙於門，曰：「賜！汝來何晚也！」孔子因歎歌曰：「太山其頽乎！梁木其摧乎！哲人其萎乎！」因以涕下，謂子貢曰：「天下無道久矣，其孰能宗予！夏人殯於東階，周人於西階，殷人兩柱間。昨暮，予夢坐奠兩柱之間，予殆殷人也。」後七日卒。時魯哀公十六年夏四月，孔子年七十三。哀公誄之，曰：「旻天不弔，不憖遺一

㊸ 原文有「據魯親周故殷，運之三代」語，今刪。又按：孔子作春秋，疑應在獲麟絕筆，非始作。語詳余新作孔子傳。

老，俾屏余一人以在位，煢煢余在疚。嗚呼哀哉！尼父！毋自律。」㊹

孔子葬魯城北泗上，弟子皆服三年。三年心喪畢，相訣而去，則哭，各復盡哀，或復留。唯子貢廬於冢上，凡六年然後去。弟子及魯人往從冢而家者百有餘室，因命曰孔里。魯世世相傳，以歲時奉祠孔子冢，而諸儒亦講禮鄉飲大射於孔子冢。孔子冢大一頃，故所居堂，弟子內，後世因廟藏孔子衣冠琴車書。至於漢，二百餘年不絕。漢高祖過魯，以太牢祀焉。諸侯卿相至，常先謁，然後從政。

孔子生鯉，字伯魚，伯魚年五十，先孔子死。伯魚生伋，字子思，年六十二。嘗困於宋。㊺子思生白，字子上，年四十七。子上生求，字子家，年四十五。子家生箕，字子京，年四十六。子京生穿，字子高，年五十一。子高生子慎，年五十七，嘗為魏相。子慎生鮒，年五十七，為陳王涉博士，死於陳下。鮒弟子襄，年五十七。嘗為漢惠帝博士，遷為長沙太守，長九尺六寸。子襄生忠，年五十七。忠生武，武生延年及安國。安國為漢武帝博士，至臨淮太守，早卒。

漢太史公司馬遷贊曰：「詩有之：高山仰止，景行行止，雖不能至，然心嚮往之。余讀孔氏書，想見其為人。適魯，觀仲尼廟堂車服禮器，諸生以時習禮其家，余低回留之不能去云。天下君王至於賢人，眾矣。當時則榮，沒則已焉。孔子布衣，傳十餘世，學者宗之，自天子王侯，中國言六藝者，

㊹ 原文有「子貢曰君其不歿於魯」一節，刪。

㊺ 原文云子思作中庸，今刪，說詳先秦諸子繫年。

折中於夫子，可謂至聖矣！」

余撰孔子傳前，本有舊稿孔子傳略一篇。及門戴景賢創為廣學社印書館，索余稿，余遂以與之。并舊稿論語新編一篇合刊為一小册。竊謂如余此稿，始或稍合通俗普及之用，然萬不宜以如此稿付孔孟學會刊行。學會所發布之刊物，宜稍具學術性，稍富研究性，豈宜以簡單平淺者供人傳習。今附刊於此，以供讀者參考。

但又念今白話流行，即如此傳略，多用左傳、史記原文，亦已不得謂是一通俗本。儻必求通俗，勢非盡廢文言，通體以白話抒寫，庶或近之。然必以古本文言改寫白話，其事當更難。如今世論語、左傳等書，皆有白話翻譯本，惜余未曾見及。但中國古人則多作注釋。即如佛教翻譯印度原文，亦多另自作注。

今試以白話作注，亦較以白話直譯原文遠為合適。如論語一「仁」字，豈不可作為注語，詳發其義？若必直作翻譯，豈不難之又難。今人於此不辨，則對於古典文之宣傳，豈不將如鯉魚之登龍門。則亦惟有「高山仰止，景行行止，雖不能至，心嚮往之」之嘆矣。余今又謹以附茲篇於本書之最後，以供讀者之參考。孔子之教，博文約禮，非敢貪多，亦以備讀者之善自約取之。

附錄五　舊作論語新編

第一篇　記孔子生平行事……一八一
第二篇　記孔子立行傳教之精神及其人格學養之造詣……一九〇
第三篇　記孔子日常氣象及其對人處世應物之微……一九三
第四篇　記孔子論學語……一九四
第五篇　記孔子論道論德論言行論交友……一九六
第六篇　記孔子論君子小人之辨……一九九
第七篇　記孔子論士論善人論中行論狂狷論直論人品……二〇三
第八篇　記孔子論仁……二〇六
第九篇　記孔子論禮樂……二〇九
第十篇　記孔子論孝……二一二
第十一篇　記孔子論政……二一三

第十二篇　記孔子論古今人物賢否得失……二一七
第十三篇　記孔子評弟子賢否……二二二
第十四篇　記孔子弟子語……二二七

論語二十篇，為研究孔子行事思想惟一寶典，二千年來無異辭。然其書編集實甚遲。曾子少孔子四十六歲，又以老壽終，今論語載曾子之死，則其去孔子之歿也久矣。上論十篇當先成，故殿之以鄉黨。下論體裁多與上論有異，子張篇皆記弟子之言，宜為下論之卒篇。堯曰篇僅三章，「堯曰」一章，具載堯舜咨命，湯武誓師，皆非孔子語，於全書體例特為不稱。「子張問」一章，五美四惡，孔子告問政者多矣，未有如此之碎也。此與季氏篇三友、三樂、三愆、三畏、九思之類，文體皆見為晚出，而此章尤甚。然則堯曰一篇，可信者惟最後一章而已。其他每篇之卒章，頗有後人羼入，非論語本書所夙有。如季氏篇末「邦君之妻」一章，微子篇末「太師摯適齊」一章、「周公謂魯公曰」一章、「周有八士」一章之類是也。其他復有可論者，有子、曾子於孔門乃晚輩，其後游、夏、子張欲尊有子為師，而曾子不之許；今學而首篇凡十六章，而有子、曾子語得五章，已踰四之一矣。又增子貢、子夏語三章，則適當全篇之半。首篇所載而諸弟子語乃占半焉，此尤可議也。鄉黨備記孔子日常行動，微子記孔子出處大節，子張記弟子語，此皆類例之可說者。然他篇不盡然。大抵雜集成篇，未見其皆有編類相次之意。亦有先後重出者。且所記亦似未盡可信。如衛靈公問陳，與左傳孔文子問大體相似，似一事而兩傳。又如佛肸以中牟叛，孔子答子路語，堅白連稱，亦似晚周人語。今特重加編次。有徑從刪削者，如堯曰、「邦君之妻」諸章及重出語皆刪之。有慎而存之者，如「衛靈公問陳」、「佛肸召」諸章是也。有暫而置之者，如鄉黨一篇雖無可疑，然古人宮室衣服飲食之細，非精而說之，不足以見其所以之義；此非專門研古，可暫置也。新編凡十四篇，茲各舉其分篇編類之大旨如次：

一、第一篇凡六十二章，記孔子生平行事。當與孔子傳參讀。
二、第二篇凡二十七章，記孔子立行傳教之精神及其人格學養之造詣。
三、第三篇凡十三章，記孔子日常氣象，及其對人處世應物之微。學者當以第二、第三篇連上第一篇合併讀之，庶以見孔子為人之全。
四、第四篇凡二十一章，類記孔子論學語。
五、第五篇凡三十八章，類記孔子論道、論德、論言行、論交友諸端。
六、第六篇凡四十二章，類記孔子論君子、小人之辨。
七、第七篇凡三十二章，類記孔子論士、論善人、論中行、論狂狷、論直、論人品各節。學者當與上篇合觀之，可以見孔子論人之大體矣。
八、第八篇凡二十七章，類記孔子論仁。
九、第九篇凡三十二章，類記孔子論禮樂。
十、第十篇凡十章，類記孔子論孝。
十一、第十一篇凡三十四章，類記孔子論政。
十二、第十二篇凡四十二章，類記孔子論古今人物賢否得失。
十三、第十三篇凡四十八章，類記孔子評弟子賢否。
十四、第十四篇凡三十七章，類記孔子弟子語。

右論語新編十四篇凡四百六十五章。舊編二十篇，四百九十八章（鄉黨篇以十七章計）。共删三十三章。每章皆附記舊編篇目號數，以備檢對。亦有一章而當互見於諸篇者，兹並以一見為主，不復重出。學者當通體熟玩，庶可以得左右映發之妙也。

第一篇　記孔子生平行事

◎子曰：「吾十有五而志於學，三十而立，四十而不惑，五十而知天命，六十而耳順，七十而從心所欲不踰矩。」（為政第四章）

◎子曰：「十室之邑，必有忠信如丘者焉，不如丘之好學也。」（公冶長第二七章）

◎子曰：「我非生而知之者，好古，敏以求之者也。」（述而第一九章）

◎子曰：「三人行，必有我師焉。擇其善者而從之，其不善者而改之。」（述而第二一章）

◎子曰：「蓋有不知而作之者，我無是也。多聞，擇其善者而從之，多見而識之，知之次也。」（述而第二七章）

◎子入太廟，每事問。或曰：「孰謂鄹人之子知禮乎？入太廟，每事問。」子聞之，曰：「是禮也？」（八佾第一五章）

（按：此乃孔子譏魯太廟之每事不如禮也。）

◎孔子謂季氏八佾舞於庭：「是可忍也，孰不可忍也！」（八佾第一章）

◎三家者以雍徹，子曰：「『相維辟公，天子穆穆』，奚取於三家之堂？」（八佾第二章）

◎齊景公問政於孔子。孔子對曰：「君君臣臣，父父子子。」公曰：「善哉！信如君不君，臣不臣，父不父，子不子，雖有粟，吾得而食諸？」（顏淵第一一章）

◎齊景公待孔子，曰：「若季氏，則吾不能，以季、孟之間待之。」曰：「吾老矣，不能用也。」孔子行。（微子第三章）

◎或謂孔子曰：「子奚不為政？」子曰：「書云：『孝乎惟孝，友於兄弟。』施於有政，是亦為政，奚其為為政？」（為政第二一章）

◎子曰：「富而可求也，雖執鞭之士，吾亦為之。如不可求，從吾所好。」（述而第一一章）

◎子曰：「飯疏食，飲水，曲肱而枕之，樂亦在其中矣。不義而富且貴，於我如浮雲。」（述而第一五章）

◎子曰：「苟有用我者，朞月而已可也，三年有成。」（子路第一〇章）

◎子路、曾皙、冉有、公西華侍坐。子曰：「以吾一日長乎爾，毋吾以也。居則曰：『不吾知也。』如或知爾，則何以哉？」子路率爾而對曰：「千乘之國，攝乎大國之間，加之以師旅，因之以饑饉，由也為之，比及三年，可使有勇，且知方也。」夫子哂之。「求爾何如？」對曰：「方六七十，如五六十，求也為之，比及三年，可使足民。如其禮樂，以俟君子。」「赤爾何如？」對曰：「非曰能之，願學焉。宗廟之事，如會同，端章甫，願為小相焉。」「點爾何如？」鼓瑟希，鏗爾，舍瑟而作，對曰：「異乎三子者之撰。」子曰：「何傷乎！亦各言其志也。」曰：「莫春者，春服既成，冠者五六人，童子六七人，浴乎沂，風乎舞雩，詠而歸。」夫子喟然嘆曰：「吾與點也。」三子者出，曾皙後。曾皙曰：「夫三子者之言何如？」子曰：「亦各言其志也已矣。」曰：「夫子何哂由也？」曰：「為國以禮，其言不讓，是故哂之。」「唯求則非邦也與？」「安見方六七十，如五六十，而非邦也者？」「唯赤則非邦也與？」「宗廟會同，非諸侯而何？赤也為之小，孰能為之大？」（先進第二五章）

◎顏淵、季路侍。子曰：「盍各言爾志！」子路曰：「願車馬，衣輕裘，與朋友共敝之而無憾。」顏淵曰：「願無伐善，無施勞。」子路曰：「願聞子之志。」子曰：「老者安之，朋友信之，少者懷之。」（公治長第二五章）

◎子謂顏淵曰：「用之則行，舍之則藏，惟我與爾有是夫！」子路曰：「子行三軍則誰與？」子曰：「暴虎馮河，死而無悔者，吾不與也。必也，臨事而懼，好謀而成者也。」（述而第一〇章）

◎子曰：「道不行，乘桴浮於海，從我者其由與！」子路聞之喜。子曰：「由也，好勇過我，無所取材。」（公治長第六章）

◎子欲居九夷。或曰：「陋，如之何？」子曰：「君子居之，何陋之有？」（子罕第一三章）

◎陽貨欲見孔子，孔子不見。歸孔子豚。孔子時其亡也而往拜之，遇諸塗。謂孔子曰：「來！予與爾言。」曰：「懷其寶而迷其邦，可謂仁乎？曰：不可。好從事而亟失時，可謂知乎？曰：不可。日月逝矣，歲不我與。」孔子曰：「諾。吾將仕矣。」（陽貨第一章）

◎公山弗擾以費畔，召，子欲往。子路不說，曰：「末之也已，何必公山氏之之也！」子曰：「夫召我者，而豈徒哉？如有用我者，吾其為東周乎！」（陽貨第五章）

◎孔子曰：「天下有道，則禮樂征伐自天子出。天下無道，則禮樂征伐自諸侯出。自諸侯出，蓋十世希不失矣。自大夫出，五世希不失矣。陪臣執國命，三世希不失矣。天下有道，則政不在大夫。天下有道，則庶人不議。」（季氏第二章）

◎孔子曰：「祿之去公室，五世矣。政逮於大夫，四世矣。故夫三桓之子孫微矣。」（季氏第三章）

◎子曰：「加我數年，五十以學，亦可以無大過矣。」（述而第一六章）

（按：此章孔子自知不久將出仕於魯，故有「加我數年學」之嘅。舊本「亦」譌作「易」。）

◎公伯寮愬子路於季孫。子服景伯以告，曰：「夫子固有惑志於公伯寮，吾力猶能肆諸市朝。」子曰：「道之將行也與，命也。道之將廢也與，命也。公伯寮其如命何？」（憲問第三八章）

◎齊人歸女樂，季桓子受之，三日不朝。孔子行。（微子第四章）

◎子適衛，冉有僕。子曰：「庶矣哉！」冉有曰：「既庶矣，又何加焉？」曰：「富之。」曰：「既富矣，又何加焉？」曰：「教之。」（子路第九章）

◎子曰：「魯、衛之政，兄弟也。」（子路第七章）

◎子見南子，子路不說。夫子矢之曰：「予所否者，天厭之，天厭之。」（雍也第二六章）

◎子畏於匡。曰：「文王既沒，文不在茲乎！天之將喪斯文也，後死者不得與於斯文也。天之未喪斯文也，匡人其如予何？」（子罕第五章）

◎子畏於匡，顏淵後。子曰：「吾以女為死矣。」曰：「子在，回何敢死？」（先進第二二章）

◎佛肸召，子欲往。子路曰：「昔者由也聞諸夫子曰：『親於其身為不善者，君子不入也。』佛肸以中牟畔，子之往也，如之何？」子曰：「然！有是言也。不曰堅乎？磨而不磷。不曰白乎？涅而不緇。吾豈匏瓜也哉？焉能繫而不食！」（陽貨第七章）

◎子貢曰：「有美玉於斯，韞匵而藏諸？求善賈而沽諸？」子曰：「沽之哉！沽之哉！我待賈者也。」（子罕第一二章）

◎子擊磬於衛。有荷蕢而過孔氏之門者，曰：「有心哉擊磬乎！」既而，曰：「鄙哉硜硜乎！莫己知也，斯己而已矣。『深則厲，淺則揭。』」子曰：「果哉！末之難矣！」（憲問第四二章）

◎子曰：「莫我知也夫！」子貢曰：「何為其莫知子也？」子曰：「不怨天，不尤人，下學而上達，知我者其天乎！」（憲問第三七章）

◎王孫賈問曰：「『與其媚於奧，寧媚於竈。』何謂也？」子曰：「不然。獲罪於天，無所禱也。」（八佾第一三章）

（按：王孫賈，衛之權臣，諷孔子媚己自結也。）

◎衛靈公問陳於孔子。孔子對曰：「俎豆之事，則嘗聞之矣。軍旅之事，未之學也。」明日遂行。（衛靈公第一章）

◎冉有曰：「夫子為衛君乎？」子貢曰：「諾。吾將問之。」入，曰：「伯夷、叔齊何人也？」曰：「古之賢人也。」曰：「怨乎？」曰：「求仁而得仁，又何怨？」出，曰：「夫子不為也。」（述而第一四章）

◎儀封人請見，曰：「君子之至於斯也，吾未嘗不得見也。」從者見之。出，曰：「二三子何患於喪乎？天下之無道也久矣，天將以夫子為木鐸。」（八佾第二四章）

◎子曰：「天生德於予，桓魋其如予何？」（述而第二二章）

◎在陳絕糧，從者病，莫能興。子路慍見，曰：「君子亦有窮乎？」子曰：「君子固窮。小人窮，斯濫矣。」（衛靈公第一章）

◎子在陳，曰：「歸與！歸與！吾黨之小子狂簡，斐然成章，不知所以裁之。」（公冶長第二一章）

◎葉公問孔子於子路，子路不對。子曰：「女奚不曰：『其為人也，發憤忘食，樂以忘憂，不知老之將至云爾。』」（述而第一八章）

◎楚狂接輿歌而過孔子，曰：「鳳兮鳳兮！何德之衰！往者不可諫，來者猶可追。已而已而！今之從政者殆而！」孔子下，欲與之言。趨而辟之，不得與之言。（微子第五章）

◎長沮、桀溺耦而耕，孔子過之，使子路問津焉。長沮曰：「夫執輿者為誰？」子路曰：「為孔丘。」

曰：「是魯孔丘與？」曰：「是也。」曰：「是知津矣。」問於桀溺。桀溺曰：「子為誰？」曰：「為仲由。」曰：「是魯孔丘之徒與？」對曰：「然。」曰：「滔滔者，天下皆是也，而誰以易之？且而與其從辟人之士也，豈若從辟世之士哉！」耰而不輟。子路行以告。夫子憮然曰：「鳥獸不可與同羣，吾非斯人之徒與而誰與？天下有道，丘不與易也。」（微子第六章）

◎子路從而後，遇丈人，以杖荷蓧。子路問曰：「子見夫子乎？」丈人曰：「四體不勤，五穀不分，孰為夫子！」植其杖而芸。子路拱而立。止子路宿，殺鷄為黍而食之，見其二子焉。明日，子路行，以告。子曰：「隱者也。」使子路反見之。至，則行矣。子路曰：「不仕無義，長幼之節，不可廢也。君臣之義，如之何其廢之？欲潔其身而亂大倫。君子之仕也，行其義也。道之不行，已知之矣。」（微子第七章）

◎逸民：伯夷、叔齊、虞仲、夷逸、朱張、柳下惠、少連。子曰：「不降其志，不辱其身，伯夷、叔齊與！」謂：「柳下惠、少連，降志辱身矣。言中倫，行中慮，其斯而已矣。」謂：「虞仲、夷逸，隱居放言，身中清，廢中權。」「我則異於是，無可無不可。」（微子第八章）

◎子曰：「賢者辟世，其次辟地，其次辟色，其次辟言。」（憲問第三九章）

◎子曰：「作者七人矣。」（憲問第四〇章）

◎子路宿於石門。晨門曰：「奚自？」曰：「自孔氏。」曰：「是知其不可而為之者與？」（憲問第四一章）

◎微生畝謂孔子曰：「丘！何為是栖栖者與？無乃為佞乎？」孔子曰：「非敢為佞也，疾固也。」（憲問第三四章）

◎子路曰：「衛君待子而為政，子將奚先？」子曰：「必也正名乎？」子路曰：「有是哉！子之迂也。奚其正？」子曰：「野哉由也！君子於其所不知，蓋闕如也。名不正則言不順，言不順則事不成，事不成則禮樂不興，禮樂不興則刑罰不中，刑罰不中則民無所措手足。故君子名之必可言也，言之必可行也。君子於其言，無所苟而已矣。」（子路第三章）

◎子曰：「吾自衛反魯，然後樂正，雅頌各得其所。」（子罕第一四章）

◎季氏將伐顓臾。冉有、季路見於孔子，曰：「季氏將有事於顓臾。」孔子曰：「求！無乃爾是過與？夫顓臾，昔者先王以為東蒙主，且在邦域之中矣，是社稷之臣也，何以伐為？」冉有曰：「夫子欲之，吾二臣者，皆不欲也。」孔子曰：「求！周任有言曰：『陳力就列，不能者止。』危而不持，顛而不扶，則將焉用彼相矣？且爾言過矣！虎兕出於柙，龜玉毀於櫝中，是誰之過與？」冉有曰：「今夫顓臾，固而近於費，今不取，後世必為子孫憂。」孔子曰：「求！君子疾夫舍曰欲之而必為之辭。丘也聞有國有家者，不患寡而患不均，不患貧而患不安。蓋均無貧，和無寡，安無傾。夫如是，故遠人不服，則脩文德以來之。既來之，則安之。今由與求也，相夫子，遠人不服而不能來也，邦分崩離析而不能守也，而謀動干戈於邦內。吾恐季孫之憂，不在顓臾，而在蕭牆之內也。」（季氏第一章）

◎季氏旅於泰山。子謂冉有曰：「女弗能救與？」對曰：「不能。」子曰：「嗚呼！曾謂泰山不如林放乎？」（八佾第六章）

◎季氏富於周公，而求也為之聚斂而附益之。子曰：「非吾徒也！小子鳴鼓而攻之可也。」（先進第一六章）

◎冉子退朝，子曰：「何晏也？」對曰：「有政。」子曰：「其事也？如有政，雖不吾以，吾其與聞之。」（子路第一四章）

◎子曰：「鳳鳥不至，河不出圖，吾已矣夫！」（子罕第八章）

◎子在川上，曰：「逝者如斯夫！不舍晝夜。」（子罕第一六章）

◎子曰：「甚矣吾衰也！久矣吾不復夢見周公！」（述而第五章）

◎陳成子弒簡公，孔子沐浴而朝，告於哀公，曰：「陳恒弒其君，請討之！」公曰：「告夫三子。」孔子曰：「以吾從大夫之後，不敢不告也。君曰：『告夫三子者！』」之三子告，不可。孔子曰：「以吾從大夫之後，不敢不告也。」（憲問第二二章）

◎子曰：「有教無類。」（衛靈公第三八章）

第二篇　記孔子立行傳教之精神及其人格學養之造詣

◎子曰：「述而不作，信而好古，竊比於我老彭。」（述而第一章）

◎子曰：「德之不修，學之不講，聞義不能徙，不善不能改，是吾憂也。」（述而第三章）

◎子曰：「默而識之，學而不厭，誨人不倦，何有於我哉！」（述而第二章）

◎子曰：「若聖與仁，則吾豈敢？抑為之不厭，誨人不倦，則可謂云爾已矣。」公西華曰：「正唯弟子不能學也。」（述而第三三章）

◎子曰：「二三子以我為隱乎？吾無隱乎爾！吾無行而不與二三子者，是丘也。」（述而第二三章）

◎子曰：「予欲無言。」子貢曰：「子如不言，則小子何述焉？」子曰：「天何言哉？四時行焉，百物生焉，天何言哉？」（陽貨第一九章）

◎子曰：「自行束脩以上，吾未嘗無誨焉。」（述而第七章）

◎子曰：「不憤不啟，不悱不發。舉一隅不以三隅反，則不復也。」（述而第八章）

◎子以四教，文、行、忠、信。（述而第二四章）

◎子所雅言，詩書執禮，皆雅言也。（述而第一七章）

◎子不語怪、力、亂、神。（述而第二〇章）

◎子貢曰：「夫子之文章，可得而聞也。夫子之言性與天道，不可得而聞也。」（公治長第一二章）

◎子罕言利，與命，與仁。（子罕第一章）

◎子絕四，毋意，毋必，毋固，毋我。（子罕第四章）

◎子曰：「吾有知乎哉？無知也。有鄙夫問於我，空空如也，我叩其兩端而竭焉。」（子罕第七章）

◎子曰：「君子道者三，我無能焉。仁者不憂，知者不惑，勇者不懼。」子貢曰：「夫子自道也。」（憲問第三〇章）

◎子曰：「賜也！女以予為多學而識之者與？」對曰：「然。非與？」曰：「非也。予一以貫之。」（衞靈公第二章）

◎子曰：「參乎！吾道一以貫之。」曾子曰：「唯。」子出，門人問曰：「何謂也？」曾子曰：「夫子之道，忠恕而已矣。」（里仁第一五章）

◎子曰：「文莫，吾猶人也。躬行君子，則吾未之有得。」（述而第三二章）

◎子曰：「出則事公卿，入則事父兄，喪事不敢不勉，不為酒困，何有於我哉？」（子罕第一五章）

◎顏淵喟然歎曰：「仰之彌高，鑽之彌堅，瞻之在前，忽焉在後。夫子循循然善誘人，博我以文，約我以禮。欲罷不能，既竭吾才，如有所立卓爾，雖欲從之，末由也已。」（子罕第一〇章）

◎達巷黨人曰：「大哉孔子！博學而無所成名。」子聞之，謂門弟子曰：「吾何執？執御乎？執射乎？

吾執御矣。」（子罕第二章）

◎太宰問於子貢曰：「夫子聖者與？何其多能也！」子貢曰：「固天縱之將聖，又多能也。」子聞之，曰：「太宰知我乎？我少也賤，故多能鄙事。君子多乎哉？不多也。」牢曰：「子云：『吾不試，故藝。』」（子罕第六章）

◎衛公孫朝問於子貢曰：「仲尼焉學？」子貢曰：「文武之道，未墜於地，在人。賢者識其大者，不賢者識其小者，莫不有文武之道焉。夫子焉不學？而亦何常師之有？」（子張第二二章）

◎叔孫武叔語大夫於朝，曰：「子貢賢於仲尼。」子服景伯以告子貢。子貢曰：「譬之宮牆，賜之牆也及肩，窺見室家之好。夫子之牆數仞，不得其門而入，不見宗廟之美，百官之富。得其門者或寡矣。夫子之云，不亦宜乎！」（子張第二三章）

◎叔孫武叔毀仲尼，子貢曰：「無以為也。仲尼不可毀也。他人之賢者，丘陵也，猶可踰也。仲尼，日月也，無得而踰焉。人雖欲自絕，其何傷於日月乎？多見其不知量也。」（子張第二四章）

◎陳子禽謂子貢曰：「子為恭也？仲尼豈賢於子乎？」子貢曰：「君子一言以為知，一言以為不知，言不可不慎也。夫子之不可及也，猶天之不可階而升也。夫子之得邦家者，所謂立之斯立，道之斯行，綏之斯來，動之斯和，其生也榮，其死也哀，如之何其可及也！」（子張第二五章）

第三篇　記孔子日常氣象及其對人處世應物之微

◎子之燕居，申申如也。夭夭如也。（述而第四章）

◎子溫而厲，威而不猛，恭而安。（述而第三七章）

◎子禽問於子貢曰：「夫子至於是邦也，必聞其政。求之與？抑與之與？」子貢曰：「夫子溫、良、恭、儉、讓以得之。夫子之求之也，其諸異乎人之求之與！」（學而第一〇章）

◎子曰：「麻冕，禮也，今也純，儉，吾從眾。拜下，禮也，今拜乎上，泰也。雖違眾，吾從下。」（子罕第三章）

◎子見齊衰者，冕衣裳者，與瞽者，見之，雖少必作，過之，必趨。（子罕第九章）

◎師冕見，及階，子曰：「階也。」及席，子曰：「席也。」皆坐，子告之曰：「某在斯，某在斯。」師冕出，子張問：「與師言之，道與？」子曰：「然。固相師之道也。」（衛靈公第四一章）

◎子食於有喪者之側，未嘗飽也。子於是日哭，則不歌。（述而第九章）

◎子在齊聞韶，三月不知肉味，曰：「不圖為樂之至於斯也。」（述而第一三章）

◎子與人歌而善，必使反之，而後和之。（述而第三一章）

◎子釣而不綱，弋不射宿。（述而第二六章）

◎子之所慎，齋、戰、疾。（述而第一二章）

◎子疾病，子路請禱。子曰：「有諸？」子路對曰：「有之。誄曰：『禱爾于上下神祇。』」子曰：「丘之禱久矣。」（述而第三四章）

◎子疾病，子路使門人為臣。病間，曰：「久矣哉！由之行詐也！無臣而為有臣，吾誰欺？欺天乎？且予與其死於臣之手也，無寧死於二三子之手乎？且予縱不得大葬，予死於道路乎？」（子罕第一一章）

第四篇　記孔子論學語

◎子曰：「吾嘗終日不食，終夜不寢，以思，無益，不如學也。」（衛靈公第三〇章）

◎子曰：「弟子入則孝，出則弟，謹而信，汎愛眾，而親仁。行有餘力，則以學文。」（學而第六章）

◎子曰：「君子不重則不威。學則不固。主忠信。無友不如己者。過則勿憚改。」（學而第八章）

◎子曰：「君子食無求飽，居無求安，敏於事而慎於言，就有道而正焉，可謂好學也已。」（學而第一四章）

◎子曰：「學如不及，猶恐失之。」（泰伯第一七章）

◎子曰：「譬如為山，未成一簣，止，吾止也。譬如平地，雖覆一簣，進，吾往也。」（子罕第一八章）

◎子曰：「苗而不秀者有矣夫！秀而不實者有矣夫！」（子罕第二一章）

◎子曰：「後生可畏，焉知來者之不如今也。四十、五十而無聞焉，斯亦不足畏也已！」（子罕第二三章）

◎子曰：「古之學者為己，今之學者為人。」（憲問第二五章）

◎子曰：「三年學，不志於穀，不易得也。」（泰伯第一二章）

◎孔子曰：「生而知之者，上也。學而知之者，次也。困而學之，又其次也。困而不學，民斯為下矣。」（季氏第九章）

◎子曰：「飽食終日，無所用心，難矣哉！不有博奕者乎？為之猶賢乎已。」（陽貨第二二章）

◎子曰：「知之者，不如好之者。好之者，不如樂之者。」（雍也第一八章）

◎子曰：「學而不思，則罔。思而不學，則殆。」（為政第一五章）

◎子曰：「可與共學，未可與適道。可與適道，未可與立。可與立，未可與權。」（子罕第二九章）

◎子曰：「學而時習之，不亦說乎？有朋自遠方來，不亦樂乎？人不知而不慍，不亦君子乎？」（學而第一章）

◎子曰：「溫故而知新，可以為師矣。」（為政第一一章）

◎子曰：「由，誨女知之乎！知之為知之，不知為不知，是知也。」（為政第一七章）

◎子曰：「攻乎異端，斯害也已。」（為政第一六章）

◎「唐棣之華，偏其反而。豈不爾思，室是遠而。」子曰：「未之思也，夫何遠之有？」（子罕第三〇章）

◎子曰：「由也！女聞六言六蔽乎？」對曰：「未也。」「居！吾語女。好仁不好學，其蔽也愚。好知不好學，其蔽也蕩。好信不好學，其蔽也賊。好直不好學，其蔽也絞。好勇不好學，其蔽也亂。好剛不好學，其蔽也狂。」（陽貨第八章）

第五篇　記孔子論道論德論言行論交友

◎子曰：「朝聞道，夕死可矣。」（里仁第八章）

◎子曰：「誰能出不由戶，何莫由斯道也！」（雍也第一五章）

◎子曰：「人能弘道，非道弘人。」（衛靈公第二八章）

◎子曰：「道不同，不相為謀。」（衛靈公第三九章）

◎子曰：「三軍可奪帥也，匹夫不可奪志也。」（子罕第二五章）

◎子曰：「志於道，據於德，依於仁，游於藝。」（述而第六章）

◎子曰：「德不孤，必有鄰。」（里仁第二五章）

◎子曰：「由！知德者鮮矣。」（衛靈公第三章）

◎子曰：「驥不稱其力，稱其德也。」（憲問第三五章）

◎子曰：「已矣乎！吾未見好德如好色者也。」（衛靈公第一二章）

◎子曰：「篤信好學，守死善道。危邦不入，亂邦不居。天下有道則見，無道則隱。邦有道，貧且賤焉，恥也。邦無道，富且貴焉，恥也。」（泰伯第一三章）

◎憲問恥。子曰：「邦有道，穀。邦無道，穀，恥也。」（憲問第一章）

◎子曰：「邦有道，危言危行。邦無道，危行言孫。」（憲問第四章）

◎子曰：「貧而無怨，難。富而無驕，易。」（憲問第一一章）

◎子張問崇德辨惑。子曰：「主忠信，徙義，崇德也。愛之欲其生，惡之欲其死，既欲其生，又欲其死，惑也。」（顏淵第一〇章）

◎樊遲從遊於舞雩之下，曰：「敢問崇德修慝辨惑。」子曰：「善哉問！先事後得，非崇德與？攻其惡，無攻人之惡，非修慝與？一朝之忿，忘其身，以及其親，非惑與？」（顏淵第二一章）

◎子張問行，子曰：「言忠信，行篤敬，雖蠻貊之邦行矣。言不忠信，行不篤敬，雖州里行乎哉？立則見其參於前也，在輿則見其倚於衡也，夫然後行。」子張書諸紳。（衛靈公第五章）

◎子曰：「躬自厚而薄責於人，則遠怨矣。」（衛靈公第一四章）

◎子曰：「放於利而行，多怨。」（里仁第一二章）

◎或曰：「以德報怨，何如？」子曰：「何以報德？以直報怨，以德報德。」（憲問第三六章）

◎子曰：「以約失之者鮮矣。」（里仁第二三章）

◎子貢問曰：「有一言而可以終身行之者乎？」子曰：「其恕乎？己所不欲，勿施於人。」（衛靈公第二三章）

◎子曰：「不逆詐，不億不信，抑亦先覺者，是賢乎？」（憲問第三三章）

◎子張問明。子曰：「浸潤之譖，膚受之愬，不行焉，可謂明也已矣。浸潤之譖，膚受之愬，不行焉，可謂遠也已矣。」（顏淵第六章）

◎子曰：「人無遠慮，必有近憂。」（衛靈公第一一章）

◎子曰：「見賢思齊焉，見不賢而內自省也。」（里仁第一七章）

◎子曰：「過而不改，是謂過矣。」（衛靈公第二九章）

◎子曰：「已矣乎！吾未見能見其過而內自訟者也。」（公冶長第二六章）

◎子曰：「年四十而見惡焉，其終也已。」（陽貨第二六章）

◎子曰：「歲寒，然後知松柏之後凋也。」（子罕第二七章）

◎子曰：「愛之，能勿勞乎？忠焉，能勿誨乎？」（憲問第八章）

◎子曰：「可與言而不與之言，失人。不可與言而與之言，失言。知者不失人，亦不失言。」（衛靈公第

七章）

◎子曰：「中人以上，可以語上也。中人以下，不可以語上也。」（雍也第一九章）

◎子貢問友，子曰：「忠告而善道之，不可則止，毋自辱焉。」（顏淵第二三章）

◎子曰：「辭，達而已矣。」（衛靈公第四〇章）

◎孔子曰：「益者三友，損者三友。友直，友諒，友多聞，益矣。友便辟，友善柔，友便佞，損矣。」（季氏第四章）

◎孔子曰：「益者三樂，損者三樂。樂節禮樂，樂道人之善，樂多賢友，益矣。樂驕樂，樂佚遊，樂宴樂，損矣。」（季氏第五章）

◎子曰：「侍於君子有三愆。言未及之而言，謂之躁。言及之而不言，謂之隱。未見顏色而言，謂之瞽。」（季氏第六章）

第六篇　記孔子論君子小人之辨

◎子曰：「君子不器。」（衛靈公第三三章）

◎子曰：「君子不可小知，而可大受也。小人不可大受，而可小知也。」（衛靈公第三三章）

◎子曰：「君子周而不比，小人比而不周。」（為政第一四章）

◎子曰：「君子和而不同，小人同而不和。」（子路第二三章）

◎子曰：「君子易事而難說也。說之不以道，不說也。及其使人也，器之。小人難事而易說也。說之雖不以道，說也。及其使人也，求備焉。」（子路第二五章）

◎子曰：「君子泰而不驕，小人驕而不泰。」（子路第二六章）

◎子曰：「君子求諸己，小人求諸人。」（衛靈公第二〇章）

◎子曰：「君子病無能焉，不病人之不己知也。」（衛靈公第一八章）

◎子曰：「不患無位，患所以立。不患莫己知，求為可知也。」（里仁第一四章）

◎子曰：「不患人之不己知，患其不能也。」（憲問第三二章）

◎子曰：「君子疾沒世而名不稱焉。」（衛靈公第一九章）

◎子曰：「不患人之不己知，患不知人也。」（學而第一六章）

◎子貢問君子，子曰：「先行其言而後從之。」（為政第一三章）

◎子曰：「君子欲訥於言而敏於行。」（里仁第二四章）

◎子曰：「君子恥其言而過其行。」（憲問第二九章）

◎子曰：「古者言之不出，恥躬之不逮也。」（里仁第二二章）

◎子曰：「其言之不怍，則為之也難。」（憲問第二一章）

◎子曰：「論篤是與，君子者乎？色莊者乎？」（先進第二〇章）

◎子曰：「君子懷德，小人懷土。君子懷刑，小人懷惠。」（里仁第一一章）

◎子曰：「君子喻於義，小人喻於利。」（里仁第一六章）

◎子曰：「君子坦蕩蕩，小人長戚戚。」（述而第三六章）

◎子曰：「君子成人之美，不成人之惡。小人反是。」（顏淵第一六章）

◎子曰：「君子而不仁者有矣夫！未有小人而仁者也。」（憲問第七章）

◎子曰：「君子上達，小人下達。」（憲問第二四章）

◎子曰：「質勝文則野，文勝質則史。文質彬彬，然後君子。」（雍也第一六章）

◎子曰：「君子博學於文，約之以禮，亦可以弗畔矣夫。」（雍也第二五章）

◎司馬牛問君子。子曰：「君子不憂不懼。」曰：「不憂不懼，斯謂之君子矣乎？」子曰：「內省不疚，夫何憂何懼？」（顏淵第四章）

◎子路問君子。子曰：「修己以敬。」曰：「如斯而已乎？」曰：「修己以安人。」曰：「如斯而已乎？」曰：「修己以安百姓。修己以安百姓，堯舜其猶病諸！」（憲問第四五章）

◎子曰：「君子義以為質，禮以行之，孫以出之，信以成之，君子哉！」（衛靈公第一七章）

◎子曰：「君子之於天下也，無適也，無莫也，義之與比。」（里仁第一〇章）

◎子曰：「君子矜而不爭，羣而不黨。」（衛靈公第二一章）

◎子曰：「君子無所爭，必也射乎？揖讓而升下，而飲，其爭也君子。」（八佾第七章）

◎子曰：「君子不以言舉人，不以人廢言。」（衛靈公第二二章）

◎子曰：「君子謀道不謀食。耕也，餒在其中矣。學也，祿在其中矣。君子憂道不憂貧。」（衛靈公第三一章）

◎子曰：「君子貞而不諒。」（衛靈公第三六章）

◎子曰：「不知命，無以為君子也。不知禮，無以立也。不知言，無以知人也。」（堯曰第三章）

◎孔子曰：「君子有三戒。少之時，血氣未定，戒之在色。及其壯也，血氣方剛，戒之在鬭。及其老也，血氣既衰，戒之在得。」（季氏第七章）

◎孔子曰：「君子有三畏。畏天命，畏大人，畏聖人之言。小人不知天命而不畏也。狎大人。侮聖人之言。」（季氏第八章）

◎孔子曰：「君子有九思。視思明，聽思聰，色思溫，貌思恭，言思忠，事思敬，疑思問，忿思難，見得思義。」（季氏第一〇章）

◎子路曰：「君子尚勇乎？」子曰：「君子義以為上。君子有勇而無義為亂，小人有勇而無義為盜。」（陽貨第二三章）

◎子貢曰：「君子亦有惡乎？」子曰：「有惡。惡稱人之惡者。惡居下流而訕上者。惡勇而無禮者。惡果敢而窒者。」曰：「賜也，亦有惡乎？」「惡徼以為知者。惡不孫以為勇者。惡訐以為直者。」

（陽貨第二四章）

◎宰我問曰：「仁者雖告之曰：『井有人焉。』其從之也？」子曰：「何為其然也？君子可逝也，不可陷也。可欺也，不可罔也。」（雍也第二四章）

第七篇　記孔子論士論善人論中行論狂狷論直論人品

◎子貢問曰：「何如斯可謂之士矣？」子曰：「行己有恥，使於四方，不辱君命，可謂士矣。」曰：「敢問其次。」曰：「宗族稱孝焉，鄉黨稱弟焉。」曰：「敢問其次。」曰：「言必信，行必果，硜硜然小人哉！抑亦可以為次矣。」曰：「今之從政者何如？」子曰：「噫！斗筲之人，何足算也！」（子路第二〇章）

◎子路問曰：「何如斯可謂之士矣？」子曰：「切切，偲偲，怡怡如也，可謂士矣。朋友切切偲偲，兄弟怡怡。」（子路第二八章）

◎子曰：「士志於道，而恥惡衣惡食者，未足與議也。」（里仁第九章）

◎子曰：「士而懷居，不足以為士矣。」（憲問第三章）

◎子曰：「聖人，吾不得而見之矣！得見君子者斯可矣！」子曰：「善人，吾不得而見之矣！得見有

恒者斯可矣！亡而為有，虛而為盈，約而為泰，難乎有恒矣。」（述而第二五章）

◎子張問善人之道。子曰：「不踐迹，亦不入於室。」（先進第一九章）

◎子曰：「南人有言曰：『人而無恒，不可以作巫醫。』善夫！『不恒其德，或承之羞。』」子曰：「不占而已矣！」（子路第二二章）

◎子路問成人。子曰：「若臧武仲之知，公綽之不欲，卞莊子之勇，冉求之藝，文之以禮樂，亦可以為成人矣。」曰：「今之成人者何必然。見利思義，見危授命，久要不忘平生之言，亦可以為成人矣。」（憲問第一三章）

◎子曰：「性相近也，習相遠也。」（陽貨第二章）

◎子曰：「唯上知與下愚不移。」（陽貨第三章）

◎子曰：「中庸之為德也，其至矣乎！民鮮久矣。」（雍也第二七章）

◎子曰：「不得中行而與之，必也狂狷乎！狂者進取，狷者有所不為也。」（子路第二一章）

◎子曰：「鄉愿，德之賊也。」（陽貨第一三章）

◎子曰：「道聽而塗說，德之棄也。」（陽貨第一四章）

◎子曰：「人之生也直，罔之生也幸而免。」（雍也第一七章）

◎子曰：「古者民有三疾，今也或是之亡也。古之狂也肆，今之狂也蕩。古之矜也廉，今之矜也忿戾。古之愚也直，今之愚也詐而已矣。」（陽貨第一六章）

◎子貢問曰：「鄉人皆好之，何如？」子曰：「未可也。」「鄉人皆惡之，何如？」子曰：「未可也。不如鄉人之善者好之，其不善者惡之。」（子路第二四章）

◎子曰：「眾惡之，必察焉。眾好之，必察焉。」（衛靈公第二七章）

◎子曰：「吾之於人也，誰毀誰譽？如有所譽者，其有所試矣。斯民也，三代之所以直道而行也。」（衛靈公第二四章）

◎葉公語孔子曰：「吾黨有直躬者，其父攘羊，而子證之。」孔子曰：「吾黨之直者異於是。父為子隱，子為父隱，直在其中矣。」（子路第一八章）

◎子曰：「狂而不直，侗而不愿，悾悾而不信，吾不知之矣。」（泰伯第一六章）

◎子曰：「惡紫之奪朱也，惡鄭聲之亂雅樂也，惡利口之覆邦家者。」（陽貨第一八章）

◎孔子曰：「『見善如不及，見不善如探湯。』吾見其人矣，吾聞其語矣。『隱居以求其志，行義以達其道。』吾聞其語矣，未見其人也。」（季氏第一一章）

◎子曰：「吾猶及史之闕文也，有馬者借人乘之，今亡已夫！」（衛靈公第二五章）

◎子曰：「巧言亂德，小不忍則亂大謀。」（衛靈公第二六章）

◎子曰：「不曰『如之何如之何』者，吾末如之何也已矣。」（衛靈公第一五章）

◎子曰：「群居終日，言不及義，好行小慧，難哉矣！」（衛靈公第一六章）

◎子曰：「法語之言，能無從乎？改之為貴。巽與之言，能無說乎？繹之為貴。說而不繹，從而不

改，吾末如之何也已矣！」（子罕第二三章）

◎子曰：「如有周公之才之美，使驕且吝，其餘不足觀也已。」（泰伯第一一章）

◎子曰：「人而無信，不知其可也。大車無輗，小車無軏，其何以行之哉？」（為政第二二章）

◎子曰：「唯女子與小人為難養也。近之則不孫，遠之則怨。」（陽貨第二五章）

◎子曰：「色厲而內荏，譬諸小人，其猶穿窬之盜也與！」（陽貨第一二章）

第八篇　記孔子論仁

◎子曰：「剛、毅、木、訥近仁。」（子路第二七章）

◎子曰：「巧言令色，鮮矣仁。」（學而第三章）

◎「克、伐、怨、欲不行焉，可以為仁矣？」子曰：「可以為難矣，仁則吾不知也。」（憲問第二章）

◎子曰：「里仁為美，擇不處仁，焉得知！」（里仁第一章）

◎子曰：「不仁者，不可以久處約，不可以長處樂。仁者安仁，知者利仁。」（里仁第二章）

◎子曰：「惟仁者能好人，能惡人。」（里仁第三章）

◎子曰：「苟志於仁矣，無惡也。」（里仁第四章）

◎子曰：「富與貴，是人之所欲也，不以其道，得之不處也。貧與賤，是人之所惡也，不以其道，得之不去也。君子去仁，惡乎成名？君子無終食之間違仁。造次必於是，顛沛必於是。」（里仁第五章）

◎子曰：「我未見好仁者，惡不仁者。好仁者，無以尚之。惡不仁者，其為仁矣，不使不仁者加乎其身。有能一日用其力於仁矣乎？我未見力不足者。蓋有之矣，我未之見也。」（里仁第六章）

◎子曰：「人之過也，各於其黨。觀過，斯知仁矣。」（里仁第七章）

◎樊遲問知，子曰：「務民之義，敬鬼神而遠之，可謂知矣。」問仁，曰：「仁者先難而後獲，可謂仁矣。」（雍也第二〇章）

◎子曰：「知者樂水，仁者樂山。知者動，仁者靜。知者樂，仁者壽。」（雍也第二一章）

◎子貢曰：「如有博施於民而能濟眾，何如？可謂仁乎？」子曰：「何事於仁，必也聖乎？堯舜其猶病諸！夫仁者，己欲立而立人，己欲達而達人。能近取譬，可謂仁之方也已。」（雍也第二八章）

◎子曰：「仁遠乎哉！我欲仁，斯仁至矣。」（述而第二九章）

◎子曰：「好勇疾貧，亂也。人而不仁，疾之已甚，亂也。」（泰伯第一〇章）

◎顏淵問仁。子曰：「克己復禮為仁。一日克己復禮，天下歸仁焉。為仁由己，而由人乎哉？」顏淵曰：「請問其目。」子曰：「非禮勿視，非禮勿聽，非禮勿言，非禮勿動。」顏淵曰：「回雖不敏，請事斯語矣。」（顏淵第一章）

◎仲弓問仁。子曰：「出門如見大賓，使民如承大祭。己所不欲，勿施於人。在邦無怨，在家無怨。」

仲弓曰：「雍雖不敏，請事斯語矣。」（顏淵第二章）

◎司馬牛問仁。子曰：「仁者其言也訒。」曰：「其言也訒，斯謂之仁矣乎？」子曰：「為之難，言之得無訒乎？」（顏淵第三章）

◎樊遲問仁。子曰：「愛人。」問知。子曰：「知人。」樊遲未達。子曰：「舉直錯諸枉，能使枉者直。」樊遲退，見子夏，曰：「鄉也，吾見於夫子而問知，子曰：『舉直錯諸枉，能使枉者直。』何謂也？」子夏曰：「富哉言乎！舜有天下，選於眾，舉皋陶，不仁者遠矣。湯有天下，選於眾，舉伊尹，不仁者遠矣。」（顏淵第二二章）

◎子曰：「如有王者，必世而後仁。」（子路第一二章）

◎樊遲問仁。子曰：「居處恭，執事敬，與人忠，雖之夷狄，不可棄也。」（子路第一九章）

◎子曰：「有德者必有言，有言者不必有德。仁者必有勇，勇者不必有仁。」（憲問第五章）

◎子曰：「志士仁人，無求生以害仁，有殺身以成仁。」（衛靈公第八章）

◎子貢問為仁，子曰：「工欲善其事，必先利其器。居其邦也，事其大夫之賢者，友其士之仁者。」（衛靈公第九章）

◎子曰：「民之於仁也，甚於水火。水火，吾見蹈而死者矣，未見蹈仁而死者也。」（衛靈公第三四章）

◎子曰：「當仁，不讓於師。」（衛靈公第三五章）

◎子張問仁於孔子。孔子曰：「能行五者於天下，為仁矣。」請問之。曰：「恭、寬、信、敏、惠。恭

則不侮，寬則得眾，信則人任焉，敏則有功，惠則足以使人。」（陽貨第六章）

第九篇　記孔子論禮樂

◎子曰：「人而不仁如禮何！人而不仁如樂何！」（八佾第三章）

◎林放問禮之本。子曰：「大哉問！禮，與其奢也寧儉。喪，與其易也寧戚。」（八佾第四章）

◎子曰：「奢則不孫，儉則固。與其不孫也，寧固。」（述而第三五章）

◎子夏問曰：「巧笑倩兮，美目盼兮，素以為絢兮，何謂也？」子曰：「繪事後素。」曰：「禮後乎？」子曰：「起予者商也，始可與言詩已矣。」（八佾第八章）

◎子貢曰：「貧而無諂，富而無驕，何如？」子曰：「可也。未若貧而樂，富而好禮者也。」子貢曰：「詩云：『如切如磋，如琢如磨。』其斯之謂與？」子曰：「賜也！始可與言詩已矣。告諸往而知來者。」（學而第一五章）

◎子曰：「關雎樂而不淫，哀而不傷。」（八佾第二〇章）

◎子語魯太師樂，曰：「樂其可知也。始作，翕如也。從之，純如也，皦如也，繹如也。以成。」（八佾第二三章）

◎子曰：「居上不寬，為禮不敬，臨喪不哀，吾何以觀之哉？」（八佾第二六章）

◎子曰：「能以禮讓為國乎，何有？不能以禮讓為國，如禮何？」（里仁第一三章）

◎子曰：「恭而無禮則勞。慎而無禮則葸。勇而無禮則亂。直而無禮則絞。君子篤於親，則民興於仁。故舊不遺，則民不偷。」（泰伯第二章）

◎子曰：「興於詩，立於禮，成於樂。」（泰伯第八章）

◎子曰：「師摯之始，關雎之亂，洋洋乎盈耳哉！」（泰伯第一五章）

◎子曰：「先進於禮樂，野人也。後進於禮樂，君子也。如用之，則吾從先進。」（先進第一章）

◎子曰：「上好禮，則民易使也。」（憲問第四四章）

◎子曰：「知及之，仁不能守之，雖得之，必失之。知及之，仁能守之，不莊以涖之，則民不敬。知及之，仁能守之，莊以涖之，動之不以禮，未善也。」（衛靈公第三二章）

◎陳亢問於伯魚曰：「子亦有異聞乎？」對曰：「未也。嘗獨立，鯉趨而過庭。曰：『學詩乎？』對曰：『未也。』『不學詩，無以言。』鯉退而學詩。他日，又獨立，鯉趨而過庭。曰：『學禮乎？』對曰：『未也。』『不學禮，無以立。』鯉退而學禮。聞斯二者。」陳亢退而喜曰：「問一得三。聞詩，聞禮，又聞君子之遠其子也。」（季氏第一三章）

◎子曰：「詩三百，一言以蔽之，曰：『思無邪。』」（為政第二章）

◎子曰：「小子何莫學夫詩？詩可以興，可以觀，可以羣，可以怨。邇之事父，遠之事君。多識於鳥

獸草木之名。」（陽貨第九章）

◎子謂伯魚曰：「女為周南召南矣乎？人而不為周南召南，其猶正牆面而立也與！」（陽貨第一〇章）

◎子曰：「誦詩三百，授之以政，不達。使於四方，不能專對。雖多，亦奚以為？」（子路第五章）

◎子曰：「禮云禮云，玉帛云乎哉？樂云樂云，鐘鼓云乎哉？」（陽貨第一一章）

◎子張問：「十世可知也？」子曰：「殷因於夏禮，所損益可知也。周因於殷禮，所損益可知也。其或繼周者，雖百世可知也。」（為政第二三章）

◎子曰：「夏禮吾能言之，杞不足徵也。殷禮吾能言之，宋不足徵也。文獻不足故也。足，則吾能徵之矣。」（八佾第九章）

◎子曰：「禘自既灌而往者，吾不欲觀之矣。」（八佾第一〇章）

◎或問禘之說。子曰：「不知也，知其說者之於天下也，其如示諸斯乎？」指其掌。（八佾第一一章）

◎祭如在，祭神如神在。子曰：「吾不與祭，如不祭。」（八佾第一二章）

◎季路問事鬼神。子曰：「未能事人，焉能事鬼？」「敢問死？」曰：「未知生，焉知死。」（先進第一一章）

◎子曰：「非其鬼而祭之，諂也。見義不為，無勇也。」（為政第二四章）

◎子曰：「射不主皮，為力不同科，古之道也。」（八佾第一六章）

◎子貢欲去告朔之餼羊。子曰：「賜也！爾愛其羊，我愛其禮。」（八佾第一七章）

◎子曰：「觚不觚，觚哉！觚哉！」（雍也第二三章）

◎子曰：「夷狄之有君，不如諸夏之亡也。」（八佾第五章）

第十篇　記孔子論孝

◎子曰：「父在觀其志，父沒觀其行。三年無改於父之道，可謂孝矣。」（學而第一一章）

◎孟懿子問孝，子曰：「無違。」樊遲御，子告之曰：「孟孫問孝於我，我對曰：『無違。』」樊遲曰：「何謂也？」子曰：「生，事之以禮。死，葬之以禮，祭之以禮。」（為政第五章）

◎孟武伯問孝，子曰：「父母唯其疾之憂。」（為政第六章）

◎子游問孝，子曰：「今之孝者，是謂能養。至於犬馬，皆能有養。不敬，何以別乎？」（為政第七章）

◎子夏問孝，子曰：「色難。有事，弟子服其勞。有酒食，先生饌。曾是以為孝乎？」（為政第八章）

◎子曰：「事父母，幾諫，見志不從，又敬不違，勞而不怨。」（里仁第一八章）

◎子曰：「父母在，不遠遊，遊必有方。」（里仁第一九章）

◎子曰：「父母之年不可不知也。一則以喜，一則以懼。」（里仁第二一章）

◎子張曰：「書云：『高宗諒陰，三年不言。』何謂也？」子曰：「何必高宗，古之人皆然。君薨，百

官總己以聽於冢宰，三年。」（憲問第四三章）

◎宰我問：「三年之喪，期已久矣。君子三年不為禮，禮必壞。三年不為樂，樂必崩。舊穀既沒，新穀既升，鑽燧改火，期已可矣。」子曰：「食夫稻，衣夫錦，於女安乎？」曰：「安。」「女安則為之。夫君子之居喪，食旨不甘，聞樂不樂，居處不安，故不為也。今女安則為之。」宰我出，子曰：「予之不仁也！子生三年，然後免於父母之懷。夫三年之喪，天下之通喪也。予也，有三年之愛於其父母乎？」（陽貨第二一章）

第十一篇　記孔子論政

◎子曰：「道千乘之國，敬事而信，節用而愛人，使民以時。」（學而第五章）

◎子曰：「為政以德，譬如北辰，居其所而眾星拱之。」（為政第一章）

◎子曰：「道之以政，齊之以刑，民免而無恥。道之以德，齊之以禮，有恥且格。」（為政第三章）

◎哀公問曰：「何為則民服？」孔子對曰：「舉直錯諸枉，則民服。舉枉錯諸直，則民不服。」（為政第一九章）

◎季康子問：「使民敬忠以勸，如之何？」子曰：「臨之以莊，則敬。孝慈，則忠。舉善而教不能，

則勸。」（為政第二〇章）

◎定公問：「君使臣，臣事君，如之何？」孔子對曰：「君使臣以禮，臣事君以忠。」（八佾第一九章）

◎子曰：「事君盡禮，人以為諂也。」（八佾第一八章）

◎子曰：「民可使由之，不可使知之。」（泰伯第九章）

◎子貢問政。子曰：「足食，足兵，民信之矣。」子貢曰：「必不得已而去，於斯三者何先？」曰：「去兵。」子貢曰：「必不得已而去，於斯二者何先？」曰：「去食。自古皆有死，民無信不立。」（顏淵第七章）

◎子曰：「聽訟，吾猶人也，必也使無訟乎！」（顏淵第一三章）

◎季康子問政於孔子。孔子對曰：「政者，正也。子帥以正，孰敢不正？」（顏淵第一七章）

◎子曰：「其身正，不令而行。其身不正，雖令不從。」（子路第六章）

◎子曰：「苟正其身矣，於從政乎何有？不能正其身，如正人何？」（子路第一三章）

◎季康子患盜，問於孔子。孔子對曰：「苟子之不欲，雖賞之不竊。」（顏淵第一八章）

◎季康子問政於孔子，曰：「如殺無道以就有道，何如？」孔子對曰：「子為政，焉用殺？子欲善而民善矣。君子之德，風。小人之德，草。草，上之風，必偃。」（顏淵第一九章）

◎子張問政。子曰：「居之無倦，行之以忠。」（顏淵第一四章）

◎子路問政。子曰：「先之勞之。」請益。曰：「無倦。」（子路第一章）

◎仲弓為季氏宰，問政。子曰：「先有司，赦小過，舉賢才。」曰：「焉知賢才而舉之？」子曰：「舉爾所知，爾所不知，人其舍諸？」（子路第二章）

◎子曰：「『善人為邦百年，亦可以勝殘去殺矣。』誠哉是言也！」（子路第一一章）

◎定公問：「一言而可以興邦，有諸？」孔子對曰：「言不可以若是其幾也。人之言曰：『為君難，為臣不易。』如知為君之難也，不幾一言而興邦乎？」曰：「一言而喪邦，有諸？」孔子對曰：「言不可以若是其幾也。人之言曰：『予無樂乎為君，唯其言而莫予違也。』如其善而莫之違也，不亦善乎？如不善而莫之違也，不幾乎一言而喪邦乎？」（子路第一五章）

◎葉公問政，子曰：「近者說，遠者來。」（子路第一六章）

◎子夏為莒父宰，問政。子曰：「無欲速，無見小利。欲速則不達，見小利則大事不成。」（子路第一七章）

◎子曰：「善人教民七年，亦可以即戎矣。」（子路第二九章）

◎子曰：「以不教民戰，是謂棄之。」（子路第三〇章）

◎子路問事君，子曰：「勿欺也，而犯之。」（憲問第二三章）

◎顏淵問為邦。子曰：「行夏之時，乘殷之輅，服周之冕，樂則韶舞。放鄭聲，遠佞人。鄭聲淫，佞人殆。」（衛靈公第一〇章）

◎子之武城，聞弦歌之聲。夫子莞爾而笑曰：「割雞焉用牛刀？」子游對曰：「昔者偃也聞諸夫子

曰：『君子學道則愛人，小人學道則易使也。』」子曰：「二三子！偃之言是也。前言戲之耳。」（陽貨第四章）

◎子曰：「事君，敬其事而後其食。」（衛靈公第三七章）

◎子曰：「鄙夫可與事君也與哉！其未得之也，患得之。既得之，患失之。苟患失之，無所不至矣。」（陽貨第一五章）

◎子張問於孔子曰：「何如斯可以從政矣？」子曰：「君子惠而不費，勞而不怨，欲而不貪，泰而不驕，威而不猛。」子張曰：「何謂惠而不費？」子曰：「因民之所利而利之，斯不亦惠而不費乎？擇可勞而勞之，又誰怨？欲仁得仁，又焉貪？君子無眾寡，無小大，無敢慢，斯不亦泰而不驕乎？君子正其衣冠，尊其瞻視，儼然人望而畏之，斯不亦威而不猛乎？」子張曰：「何謂四惡？」子曰：「不教而殺謂之虐。不戒視成謂之暴。慢令致期謂之賊。猶之與人也，出納之吝，謂之有司。」（堯曰第二章）

◎子張學干祿。子曰：「多聞闕疑，慎言其餘，則寡尤。多見闕殆，慎行其餘，則寡悔。言寡尤，行寡悔，祿在其中矣。」（為政第一八章）

◎子曰：「不在其位，不謀其政。」（泰伯第一四章）

◎子張問：「士，何如斯可謂之達矣？」子曰：「何哉，爾所謂達者？」子張對曰：「在邦必聞，在家必聞。」子曰：「是聞也，非達也。夫達也者，質直而好義，察言而觀色，慮以下人，在邦必達，

在家必達。夫聞也者，色取仁而行違，居之不疑，在邦必聞，在家必聞。」（顏淵第二〇章）

◎樊遲請學稼。子曰：「吾不如老農。」請學為圃。曰：「吾不如老圃。」樊遲出，子曰：「小人哉！樊須也！上好禮，則民莫敢不敬。上好義，則民莫敢不服。上好信，則民莫敢不用情。夫如是，則四方之民襁負其子而至矣，焉用稼？」（子路第四章）

第十二篇　記孔子論古今人物賢否得失

◎子曰：「大哉！堯之為君也。巍巍乎！唯天為大，唯堯則之。蕩蕩乎！民無能名焉。巍巍乎！其有成功也。煥乎！其有文章。」（泰伯第一九章）

◎子曰：「無為而治者，其舜也與！夫何為哉？恭己正南面而已矣。」（衛靈公第四章）

◎子曰：「巍巍乎！舜禹之有天下也，而不與焉。」（泰伯第一八章）

◎子曰：「禹，吾無間然矣。菲飲食而致孝乎鬼神，惡衣服而致美乎黻冕，卑宮室而盡力乎溝洫。禹，吾無間然矣。」（泰伯第二一章）

◎微子去之，箕子為之奴，比干諫而死。孔子曰：「殷有三仁焉。」（微子第一章）

◎子曰：「泰伯，其可謂至德也已矣！三以天下讓，民無得而稱焉。」（泰伯第一章）

◎舜有臣五人而天下治。武王曰：「予有亂臣十人。」孔子曰：「才難，不其然乎！唐虞之際，於斯為盛。有婦人焉，九人而已。三分天下有其二，以服事殷，周之德，其可謂至德也已矣！」（泰伯第二○章）

◎子謂韶：「盡美矣，又盡善也。」謂武：「盡美矣，未盡善也。」（八佾第二五章）

◎子曰：「周監於二代，郁郁乎文哉！吾從周。」（八佾第一四章）

◎子曰：「伯夷、叔齊，不念舊惡，怨是用希。」（公冶長第二二章）

◎子曰：「齊一變，至於魯。魯一變，至於道。」（雍也第二二章）

◎子曰：「晉文公譎而不正，齊桓公正而不譎。」（憲問第一六章）

◎子路曰：「桓公殺公子糾，召忽死之，管仲不死。」曰：「未仁乎？」子曰：「桓公九合諸侯，不以兵車，管仲之力也。如其仁。如其仁。」（憲問第一七章）

◎子貢曰：「管仲非仁者與？桓公殺公子糾，不能死，又相之。」子曰：「管仲相桓公，霸諸侯，一匡天下，民到于今受其賜。微管仲，吾其被髮左衽矣。豈若匹夫匹婦之為諒也，自經於溝瀆而莫之知也！」（憲問第一八章）

◎子曰：「管仲之器小哉！」或曰：「管仲儉乎？」曰：「管氏有三歸，官事不攝，焉得儉？」「然則管仲知禮乎？」曰：「邦君樹塞門，管氏亦樹塞門。邦君為兩君之好有反坫，管氏亦有反坫。管氏而知禮，孰不知禮？」（八佾第二二章）

◎子曰：「臧文仲居蔡，山節藻棁，何如其知也？」（公冶長第一七章）

◎子曰：「臧文仲，其竊位者與！知柳下惠之賢而不與立也。」（衛靈公第一三章）

◎季文子三思而後行，子聞之，曰：「再，斯可矣。」（公冶長第一九章）

◎子曰：「甯武子，邦有道則知，邦無道則愚。其知可及也，其愚不可及也。」（公冶長第二〇章）

◎子張問曰：「令尹子文三仕為令尹，無喜色。三已之，無慍色。舊令尹之政，必以告新令尹。何如？」子曰：「忠矣。」曰：「仁矣乎？」曰：「未知，焉得仁？」「崔子弑齊君，陳文子有馬千乘，棄而違之。至於他邦，則曰：『猶吾大夫崔子也。』違之。之一邦，則又曰：『猶吾大夫崔子也。』違之。何如？」子曰：「清矣。」曰：「仁矣乎？」曰：「未知，焉得仁？」（公冶長第一八章）

◎子謂子產：「有君子之道四焉。其行己也恭，其事上也敬，其養民也惠，其使民也義。」（公冶長第一五章）

◎子曰：「為命，裨諶草創之，世叔討論之，行人子羽脩飾之，東里子產潤色之。」（憲問第九章）

◎或問子產。子曰：「惠人也。」問子西。曰：「彼哉！彼哉！」問管仲。曰：「人也。奪伯氏駢邑三百，飯疏食，沒齒無怨言。」（憲問第一〇章）

◎子曰：「臧武仲以防求為後於魯，雖曰不要君，吾不信也。」（憲問第一五章）

◎子曰：「晏平仲善與人交，久而敬之。」（公冶長第一六章）

◎子曰：「孟公綽，為趙、魏老則優，不可以為滕、薛大夫。」（憲問第一二章）

◎子貢問曰：「孔文子，何以謂之文也？」子曰：「敏而好學，不恥下問，是以謂之文也。」（公治長第一四章）

◎公孫文子之臣大夫僎，與文子同升諸公。子聞之，曰：「可以謂文矣。」（憲問第一九章）

◎子問公叔文子於公明賈曰：「信乎？夫子不言不笑不取乎？」公明賈對曰：「以告者過也。夫子時然後言，人不厭其言。樂然後笑，人不厭其笑。義然後取，人不厭其取。」子曰：「其然，豈其然乎？」（憲問第一四章）

◎蘧伯玉使人於孔子，孔子與之坐而問焉。曰：「夫子何為？」對曰：「夫子欲寡其過而未能也。」使者出。子曰：「使乎！使乎！」（憲問第二六章）

◎子曰：「直哉史魚！邦有道，如矢。邦無道，如矢。君子哉蘧伯玉！邦有道，則仕。邦無道，則可卷而懷之。」（衛靈公第六章）

◎子言衛靈公之無道也。康子曰：「夫如是，奚而不喪？」孔子曰：「仲叔圉治賓客，祝鮀治宗廟，王孫賈治軍旅。夫如是，奚其喪！」（憲問第二〇章）

◎子曰：「不有祝鮀之佞，而有宋朝之美，難乎免於今之世矣！」（雍也第一四章）

◎子謂衛公子荊善居室。始有，曰：「苟合矣。」少有，曰：「苟完矣。」富有，曰：「苟美矣。」（子路第八章）

◎子曰：「孟之反不伐。奔而殿，將入門，策其馬，曰：『非敢後也，馬不進也。』」（雍也第一三章）

◎子曰：「孰謂微生高直？或乞醯焉，乞諸其鄰而與之。」（公冶長第二三章）

◎子曰：「巧言令色足恭，左丘明恥之，丘亦恥之。匿怨而友其人，左丘明恥之，丘亦恥之。」（公冶長第二四章）

◎原壤夷俟。子曰：「幼而不孫弟，長而無述焉，老而不死，是為賊。」以杖叩其脛。（憲問第四六章）

◎闕黨童子將命。或問之，曰：「益者與？」子曰：「吾見其居於位也，見其與先生並行也，非求益者也，欲速成者也。」（憲問第四七章）

◎孺悲欲見孔子，孔子辭以疾。將命者出戶，取瑟而歌，使之聞之。（陽貨第二〇章）

◎互鄉難與言。童子見，門人惑。子曰：「與其進也，不與其退也，唯何甚？人潔己以進，與其潔也，不保其往也。」（述而第二八章）

◎陳司敗問：「昭公知禮乎？」孔子曰：「知禮。」孔子退，揖巫馬期而進之，曰：「吾聞君子不黨，君子亦黨乎？君取於吳為同姓，謂之吳孟子。君而知禮，孰不知禮？」巫馬期以告。子曰：「丘也幸，苟有過，人必知之。」（述而第三〇章）

第十三篇　記孔子評弟子賢否

◎子曰：「從我於陳蔡者，皆不及門也。」德行：顏淵，閔子騫，冉伯牛，仲弓。言語：宰我，子貢。政事：冉有，季路。文學：子游，子夏。（先進第二章）

◎子曰：「吾與回言，終日不違，如愚。退而省其私，亦足以發。回也不愚。」（為政第九章）

◎子曰：「回也，非助我者也，於吾言無所不說。」（先進第三章）

◎子曰：「語之而不惰者，其回也與！」（子罕第一九章）

◎子曰：「回也，其心三月不違仁，其餘則日月至焉而已矣。」（雍也第五章）

◎子曰：「賢哉回也！一簞食，一瓢飲，在陋巷。人不堪其憂，回也不改其樂。賢哉回也！」（雍也第九章）

◎哀公問：「弟子孰為好學？」孔子對曰：「有顏回者好學，不遷怒，不貳過，不幸短命死矣。今也則亡，未聞好學者也。」（雍也第二章）

◎子謂顏淵，曰：「惜乎！吾見其進也，未見其止也。」（子罕第二〇章）

◎顏淵死，子曰：「噫！天喪予！天喪予！」（先進第八章）

◎顏淵死，子哭之慟。從者曰：「子慟矣。」曰：「有慟乎？非夫人之為慟而誰為？」（先進第八章）

◎顏淵死，門人欲厚葬之。子曰：「不可！」門人厚葬之。子曰：「回也，視予猶父也，予不得視猶子也。非我也，夫二三子也。」（先進第一〇章）

◎顏淵死，顏路請子之車以為之椁。子曰：「才不才，亦各言其子也。鯉也死，有棺而無椁。吾不徒行以為之椁，以吾從大夫之後，不可徒行也。」（先進第七章）

◎子曰：「孝哉閔子騫！人不間於其父母昆弟之言。」（先進第四章）

◎季氏使閔子騫為費宰。閔子騫曰：「善為我辭焉！如有復我者，則吾必在汶上矣！」（雍也第七章）

◎魯人為長府。閔子騫曰：「仍舊貫，如之何？何必改作？」子曰：「夫人不言，言必有中。」（先進第一三章）

◎伯牛有疾。子問之，自牖執其手，曰：「亡之，命矣夫！斯人也，而有斯疾也！斯人也，而有斯疾也！」（雍也第八章）

◎子謂仲弓曰：「犁牛之子騂且角，雖欲勿用，山川其舍諸？」（雍也第四章）

◎子曰：「雍也，可使南面。」仲弓問子桑伯子，子曰：「可也，簡。」仲弓曰：「居敬而行簡，以臨其民，不亦可乎？居簡而行簡，無乃太簡乎？」子曰：「雍之言然。」（雍也第一章）

◎或曰：「雍也，仁而不佞。」子曰：「焉用佞！禦人以口給，屢憎於人。不知其仁，焉用佞！」（公冶長第四章）

◎宰予晝寢。子曰：「朽木不可雕也，糞土之牆不可杇也。於予與何誅！」子曰：「始吾於人也，聽其言而信其行。今吾於人也，聽其言而觀其行。於予與改是。」（公冶長第九章）

◎哀公問社於宰我，宰我對曰：「夏后氏以松，殷人以柏，周人以栗，曰：『使民戰栗。』」子聞之，曰：「成事不說，遂事不諫，既往不咎。」（八佾第二一章）

◎子謂子貢曰：「女與回也孰愈？」對曰：「賜也，何敢望回？回也聞一以知十，賜也聞一以知二。」子曰：「弗如也。吾與女弗如也。」（公冶長第八章）

◎子曰：「回也其庶乎！屢空。賜不受命而貨殖焉，億則屢中。」（先進第一八章）

◎子貢曰：「我不欲人之加諸我也，吾亦欲無加諸人。」子曰：「賜也！非爾所及也。」（公冶長第一一章）

◎子貢問曰：「賜也何如？」子曰：「女，器也。」曰：「何器也？」曰：「瑚璉也。」（公冶長第三章）

◎子貢方人。子曰：「賜也賢乎哉！夫我則不暇。」（憲問第三一章）

◎冉求曰：「非不說子之道，力不足也。」子曰：「力不足者，中道而廢。今女畫。」（雍也第一〇章）

◎子曰：「衣敝緼袍，與衣狐貉者立，而不恥者，其由也與！」「不忮不求，何用不臧？」子路終身誦之。子曰：「是道也，何足以臧？」（子罕第二六章）

◎閔子侍側，誾誾如也。子路，行行如也。冉有、子貢，侃侃如也。子樂。「若由也，不得其死然。」（先進第一二章）

◎子曰：「由之瑟，奚為於丘之門？」門人不敬子路。子曰：「由也升堂矣，未入於室也。」（先進第一四章）

◎柴也愚，參也魯，師也辟，由也喭。（先進第一七章）

◎子曰：「片言可以折獄者，其由也與！」子路無宿諾。（顏淵第一二章）

◎子路問：「聞斯行諸？」子曰：「有父兄在，如之何其聞斯行之？」冉有問：「聞斯行諸？」子曰：「聞斯行之。」公西華曰：「由也問：『聞斯行諸？』子曰：『有父兄在。』求也問：『聞斯行諸？』子曰：『聞斯行之。』赤也惑，敢問。」子曰：「求也退，故進之。由也兼人，故退之。」（先進第二一章）

◎子路有聞，未之能行，唯恐有聞。（公治長第一三章）

◎孟武伯問：「子路仁乎？」子曰：「不知也。」又問。子曰：「由也，千乘之國，可使治其賦也，不知其仁也。」「求也何如？」子曰：「求也，千室之邑，百乘之家，可使為之宰也，不知其仁也。」「赤也何如？」子曰：「赤也，束帶立於朝，可使與賓客言也，不知其仁也。」（公治長第七章）

◎季康子問：「仲由可使從政也與？」子曰：「由也果，於從政乎何有？」曰：「賜也，可使從政也與？」曰：「賜也達，於從政乎何有？」曰：「求也，可使從政也與？」曰：「求也藝，於從政乎何有？」（雍也第六章）

◎季子然問：「仲由、冉求可謂大臣與？」子曰：「吾以子為異之問，曾由與求之問！所謂大臣者，

以道事君，不可則止。今由與求也，可謂具臣矣。」曰：「然則從之者與？」子曰：「弒父與君，亦不從也。」（先進第二三章）

◎子路使子羔為費宰。子曰：「賊夫人之子。」子路曰：「有民人焉，有社稷焉，何必讀書，然後為學？」子曰：「是故惡夫佞者。」（先進第二四章）

◎子華使於齊，冉子為其母請粟。子曰：「與之釜。」請益，曰：「與之庾。」冉子與之粟五秉。子曰：「赤之適齊也，乘肥馬，衣輕裘。吾聞之也，君子周急不繼富。」原思為之宰，與之粟九百，辭。子曰：「毋！以與爾鄰里鄉黨乎！」（雍也第三章）

◎子貢問：「師與商也孰賢？」子曰：「師也過，商也不及。」曰：「然則師愈與？」子曰：「過猶不及。」（先進第一五章）

◎子謂子夏曰：「女為君子儒，無為小人儒。」（雍也第一一章）

◎南宮适問於孔子曰：「羿善射，奡盪舟，俱不得其死然。禹稷躬稼而有天下。」夫子不答。南宮适出，子曰：「君子哉若人！尚德哉若人！」（憲問第六章）

◎子謂公冶長：「可妻也。雖在縲絏之中，非其罪也。」以其子妻之。子謂南容：「邦有道不廢，邦無道免於刑戮。」以其兄之子妻之。（公冶長第一章）

◎南宮三復白圭，孔子以其兄之子妻之。（先進第五章）

◎子謂子賤：「君子哉若人！魯無君子者，斯焉取斯？」（公冶長第二章）

◎子曰：「吾未見剛者。」或對曰：「申棖。」子曰：「棖也慾，焉得剛？」（公冶長第一〇章）
◎子使漆雕開仕。對曰：「吾斯之未能信。」子說。（公冶長第五章）
◎子游為武城宰，子曰：「女得人焉爾乎？」曰：「有澹臺滅明者，行不由徑，非公事未嘗至於偃之室也。」（雍也第一二章）

第十四篇　記孔子弟子語

◎子貢曰：「君子之過也，如日月之食焉。過也，人皆見之。更也，人皆仰之。」（子張第二一章）
◎子貢曰：「紂之不善，不如是之甚也。是以君子惡居下流，天下之惡皆歸焉。」（子張第二〇章）
◎棘子成曰：「君子質而已矣，何以文為？」子貢曰：「惜乎！夫子之說君子也，駟不及舌。文猶質也，質猶文也。虎豹之鞟，猶犬羊之鞟。」（顏淵第八章）
◎子夏曰：「日知其所亡，月無忘其所能，可謂好學也已矣。」（子張第五章）
◎子夏曰：「博學而篤志，切問而近思，仁在其中矣。」（子張第六章）
◎子夏曰：「百工居肆以成其事，君子學以致其道。」（子張第七章）
◎子夏曰：「仕而優則學，學而優則仕。」（子張第一三章）

◎子夏曰：「大德不踰閑，小德出入可也。」（子張第一一章）

◎子夏曰：「君子有三變。望之儼然，即之也溫，聽其言也厲。」（子張第九章）

◎子夏曰：「小人之過也，必文。」（子張第八章）

◎子夏曰：「君子信而後勞其民。未信，則以為厲己也。信而後諫。未信，則以為謗己也。」（子張第一〇章）

◎子夏曰：「雖小道，必有可觀者焉，致遠恐泥，是以君子不為也。」（子張第四章）

◎司馬牛憂曰：「人皆有兄弟，我獨亡。」子夏曰：「商聞之矣，死生有命，富貴在天。君子敬而無失，與人恭而有禮，四海之內，皆兄弟也。君子何患乎無兄弟也！」（顏淵第五章）

◎子夏之門人問交於子張。子張曰：「子夏云何？」對曰：「子夏曰：『可者與之，其不可者拒之。』」子張曰：「異乎吾所聞：『君子尊賢而容眾，嘉善而矜不能。』我之大賢與，於人何所不容？我之不賢與，人將拒我，如之何其拒人也？」（子張第三章）

◎子張曰：「執德不弘，信道不篤，焉能為有？焉能為亡？」（子張第二章）

◎子張曰：「士見危致命，見得思義，祭思敬，喪思哀，其可已矣。」（子張第一章）

◎子游曰：「子夏之門人小子，當洒掃應對進退則可矣，抑末也。本之則無，如之何？」子夏聞之，曰：「噫！言游過矣！君子之道，孰先傳焉？孰後倦焉？譬諸草木，區以別矣。君子之道，焉可誣也。有始有卒者，其惟聖人乎？」（子張第一二章）

◎子游曰：「吾友張也，為難能也，然而未仁。」（子張第一五章）

◎子游曰：「喪，致乎哀而止。」（子張第一四章）

◎子游曰：「事君數，斯辱矣。朋友數，斯疏矣。」（里仁第二六章）

◎曾子曰：「以文會友，以友輔仁。」（顏淵第二四章）

◎曾子曰：「堂堂乎張也，難與並為仁矣。」（子張第一六章）

◎曾子曰：「吾聞諸夫子：『人未有自致者也，必也親喪乎！』」（子張第一七章）

◎曾子曰：「吾聞諸夫子：『孟莊子之孝也，其他可能也，其不改父之臣與父之政，是難能也。』」（子張第一八章）

◎曾子曰：「慎終追遠，民德歸厚矣。」（學而第九章）

◎曾子曰：「可以託六尺之孤，可以寄百里之命，臨大節而不可奪也，君子人與？君子人也。」（泰伯第六章）

◎曾子曰：「君子思不出其位。」（憲問第二八章）

◎曾子曰：「士不可不弘毅，任重而道遠。仁以為己任，不亦重乎？死而後已，不亦遠乎？」（泰伯第七章）

◎曾子曰：「吾日三省吾身：為人謀，而不忠乎？與朋友交，而不信乎？傳，不習乎？」（學而第四章）

◎曾子曰：「以能問於不能，以多問於寡，有若無，實若虛，犯而不校。昔者吾友嘗從事於斯矣。」

（泰伯第五章）

◎孟氏使陽膚為士師，問於曾子。曾子曰：「上失其道，民散久矣。如得其情，則哀矜而勿喜。」（子張第一九章）

◎曾子有疾，召門弟子曰：「啟予足，啟予手。詩云：『戰戰兢兢，如臨深淵，如履薄冰。』而今而後，吾知免夫！小子！」（泰伯第三章）

◎曾子有疾，孟敬子問之。曾子言曰：「鳥之將死，其鳴也哀。人之將死，其言也善。君子所貴乎道者三：動容貌，斯遠暴慢矣。正顏色，斯近信矣。出辭氣，斯遠鄙倍矣。籩豆之事，則有司存。」（泰伯第四章）

◎有子曰：「其為人也孝弟，而好犯上者，鮮矣。不好犯上，而好作亂者，未之有也。君子務本，本立而道生。孝弟也者，其為仁之本與？」（學而第二章）

◎有子曰：「禮之用，和為貴。先王之道，斯為美，小大由之。有所不行。知和而和，不以禮節之，亦不可行也。」（學而第一二章）

◎有子曰：「信近於義，言可復也。恭近於禮，遠恥辱也。因不失其親，亦可宗也。」（學而第一三章）

◎哀公問於有若曰：「年饑，用不足，如之何？」有若對曰：「盍徹乎？」曰：「二，吾猶不足，如之何其徹也？」對曰：「百姓足，君孰與不足？百姓不足，君孰與足？」（顏淵第九章）

右孔子傳略及論語新編兩稿，乃十餘年前舊作，久藏篋笥中，未經刊布。越後，先成論語新解，近又撰孔子傳，回視此兩稿，見解容有小進，此兩稿當可投廢紙簏中，而終未投棄。及門戴君景賢，偕其友好，共創一小書肆，刊行舊籍，擬於今年孔子誕辰，邀余撰文，以資宣傳。急切無以應，姑檢此兩舊稿與之。竊謂治學者，篤古開新，非屬二事。會通分別，亦非兩途。考論孔子行事，自當仍以史遷世家為本。籀貫孔子言論，亦不妨分類以求。此兩稿之與論語新解及孔子傳，見解容有不同，途轍亦復稍異，兼而覩之，亦庶可資啟發之助云爾。敝帚自珍，不勝內慚。

一九七五年七月下旬錢穆識

《錢穆作品集》（典藏本）

第一輯

孔子傳
論語新解
四書釋義
莊老通辨
宋明理學概述
陽明學述要
學籥
人生十論

第二輯

中國思想史
中國歷代政治得失
中國歷史精神
中國歷史研究法
中國史學名著
秦漢史
國史新論
讀史隨劄